技工院校一体化课程教学改革机械设备维修专业教材

机床常见故障维修

人力资源和社会保障部教材办公室组织编写

中国劳动社会保障出版社

内容简介

本书主要内容包括设备维护和保养、齿轮传动机构故障维修、凸轮传动机构故障维修、皮带和链传动机构故障维修、离合器故障维修、机床导轨精度故障维修、螺旋传动机构故障维修、轴承故障维修、蜗轮蜗杆传动机构故障维修、液压系统泄漏故障维修10个学习任务。

图书在版编目(CIP)数据

机床常见故障维修/人力资源和社会保障部教材办公室组织编写. —北京：中国劳动社会保障出版社，2013

技工院校一体化课程教学改革机械设备维修专业教材

ISBN 978-7-5167-0512-4

Ⅰ.①机… Ⅱ.①人… Ⅲ.①机床-故障修复-技工学校-教材 Ⅳ.①TG502.7

中国版本图书馆 CIP 数据核字(2013)第176860号

中国劳动社会保障出版社出版发行

（北京市惠新东街1号 邮政编码：100029）

出版人：张梦欣

*

北京市艺辉印刷有限公司印刷装订 新华书店经销

787毫米×1092毫米 16开本 17.25印张 308千字

2013年8月第1版 2024年5月第4次印刷

定价：34.00元

营销中心电话：400-606-6496

出版社网址：http://www.class.com.cn

技工院校一体化课程教学改革教材编委会名单

编审委员会

主　任：王晓初
副主任：吴道槐　张　斌　张梦欣　金　龄　张亚男　王晓君
委　员：冯　政　田　丰　翟　涛　万　象　何绪军　刘　春　王雪宁
　　　　蔡　兵　陈　蕾　蒋燕辰　刘素华

编审人员

主　编：张政梅
副主编：邓　敏
参　编：齐付普　邢宝亮　张树忠　王　锐　徐建锋　孙会双　孙向龙
顾　问：朱永亮　张利芳　张晓梅

序

人才是我国经济社会发展的第一资源，技能人才是人才队伍的重要组成部分。党中央、国务院高度重视技能人才队伍建设工作，2009 年 12 月，胡锦涛总书记在视察珠海市高级技工学校时指出：“没有一流的技工，就没有一流的产品”、“技能型人才在推进自主创新方面具有不可替代的重要作用”。技工院校是系统培养技能人才的重要基地。多年来，技工院校始终紧紧围绕国家经济发展和劳动者就业，以满足经济发展和企业对技术工人的需求为办学宗旨，形成了鲜明的办学特色，为国家培养了大批生产一线技能劳动者和后备高技能人才。

当前，我国处于全面建设小康社会的关键时期，随着加快转变经济发展方式、推进经济结构调整以及大力发展高端制造产业等新兴战略性产业，迫切需要加快培养一大批具有精湛技能和高超技艺的技能人才。为了遵循技能人才成长规律，切实提高培养质量，进一步发挥技工院校在技能人才培养中的基础作用，从 2009 年开始，我部借鉴国内外职业教育先进经验，在全国 17 个省（区、市）的 30 所技工院校启动了一体化课程教学改革试点工作，推进以职业活动为导向，以校企合作为基础，以综合职业能力培养为核心，理论教学与技能操作融合贯通的一体化课程教学改革。这项改革试点将传统的以学历为基础的职业教育转变为以职业技能为基础的职业能力教育，促进了职业教育从知识教育向能力培养转变，努力实现“教、学、做”融为一体，收到了积极成效。改革试点得到了学校师生的充分认可，普遍反映一体化课程教学改革是技工院校一次“教学革命”，学生的学习热情、教学组织形式、教学手段和学生的综合素质都发生了根本性变化。试点的成果表明，一体化课程教学改革是转变技能人才培养模式的重要抓手，是推动技工院校改革发展的重要举措，也是人力资源社会保障部门加强技工教育和在职业培训工作的一个重点项目。

教学改革的成果最终要以教材为载体进行体现和传播。根据我部推进一体化课程教学改革的要求，一体化课程改革专家、几百位试点院校的骨干教师以及中国人力资源和社会保障出版集团的编辑团队，用了三年多的时间，组织实施了一体化课程教学改革试点，并将试点中形成的课程成果进行了整理、提炼，汇编成“活页”教材。这套教材不仅在形式上打破了传统教材的编写模式，而且在内容上突破了传统教材的结构体例，在国内职业教育培训教材领域中均属首创。这套教材及配套资料的出版，不仅是本次一体化课程教学改革试点工作的阶段性总结，也是一体化课程教学改革不断深化和全面推广的一个起点。希望全国技工院校将一体化课程教学改革作为创新人才培养模式、提高人才培养质量的重要抓手，进一步推动教学改革，促进内涵发展，提升办学质量，为加快培养合格的技能人才作出新的更大贡献！

人力资源和社会保障部副部长

王晓初

二〇一二年八月

活页式教材使用说明

◆ 页码编排方式

为了更加方便地在教材中增删和替换内容，页码采用“学习任务编号－学习活动编号－页码号”三级编排形式，如“3–2–4”表示“学习任务三”的“学习活动 2”的第 4 页。

◆ 过程评价表使用方法

教材中设计了“自评表”、“互评表”、“教师总评表”、“综合评价表”等评价表格，表头上有“班级”、“姓名”、“学号”等信息栏，从活页教材中取出评价表填写后可以单独提交。

◆ 教材内容更新方法

中国人力资源和社会保障出版集团将根据一体化课程教学改革的推进以及科学技术的发展和不同地域的需要，不断补充和更新教材中的学习任务和学习活动，学校可以从“技工院校一体化教学资源网（http：//yth.cott.org.cn）”下载（需在网站注册）。通过网站还可以了解到更多的一体化课程教学改革信息和下载相关资源。

◆ 便携式活页夹和 PVC 保护板使用方法

使用教材中附赠的便携式活页夹，可以灵活方便地将教材中部分内容携带至一体化教学场地。教材内附的整张 PVC 保护板可以作为学习记录垫板使用。

◆ 参考用书选用方法

在学习过程中，学生需要查阅大量参考资料，下表为中国人力资源和社会保障出版集团出版的适宜本专业一体化教学使用的参考书目录。

机械设备维修专业一体化教学参考书目录（中级阶段）

序号	书号	书名
1	978-7-5045-9709-0	机械制图（少学时）（双色印刷）
2	978-7-5045-9690-1	机械基础（少学时）（双色印刷）
3	978-7-5045-9677-2	金属材料与热处理（少学时）（双色印刷）
4	978-7-5045-9717-5	极限配合与技术测量基础（少学时）（双色印刷）
5	978-7-5045-9689-5	机械制造工艺基础（少学时）（双色印刷）
6	978-7-5045-9713-7	工程力学（少学时）（双色印刷）
7	978-7-5045-9668-0	电工学（少学时）（双色印刷）
8	978-7-5045-9049-7	机修钳工工艺与技能　学生用书Ⅱ　基础知识
9	978-7-5045-6877-9	模具钳工工艺学
10	978-7-5045-6934-9	模具钳工技能训练

目　　录

学习任务一　设备维护和保养

1. 能接受设备维护保养工作任务，明确任务要求，写出小组成员、工作地点、维护保养对象、维护保养时间，服从工作安排。

2. 能制订设备维护保养工作计划。

3. 能对不同的设备进行点检。

4. 能正确选择设备维护和保养工具、辅料及检验量具等。

5. 能正确安放标识牌，做好场地安全防护措施，穿戴好劳保防护用品。

6. 能严格遵守起吊、搬运、用电、消防等安全规程要求。

7. 能清理场地，归置物品，并按照环保规定处置废油液等废弃物。

8. 能填写设备维护保养卡。

9. 能写出完成此项任务的工作小结。

20 学时

生产车间有许多不同种类和型号的金属切削机床，这是完成生产加工任务的必要设备。这些设备要经常处于完好状态，除了正确使用之外，还要做好维护和保养工作。机修工应能根据设备的特点和工作方式进行定期保养，减少设备的故障及修理次数，延长设备的使用寿命，并能填写维护和保养记录卡。

工作流程与活动

机修工在接受维护和保养任务后，能到现场勘察设备的完好状况，根据设备情况制订维护和保养方案，并按要求对设备进行维护和保养。在工作过程中严格遵守起吊、搬运、用电、消防等安全规程要求，按照现场管理规范清理场地，归置物品，并按照环保规定处置废弃物。

学习活动 1　接受工作任务、制订维护和保养计划（4 学时）

学习活动 2　设备维护和保养（10 学时）

学习活动 3　任务验收、交付使用（2 学时）

学习活动 4　工作总结与评价（4 学时）

学习活动1　接受工作任务、制订维护和保养计划

学习目标

1. 能识读生产派工单，接受设备维护和保养任务，明确任务要求。
2. 能查阅资料，了解设备维护和保养的相关知识。
3. 能正确选择设备维护和保养的工具、检验量具、辅助工具，并列出工、量具清单。
4. 能制订设备维护和保养的工作计划。

建议学时：4学时

学习过程

1. 仔细阅读下面的生产派工单，按照生产派工单提供的基本信息，查阅相关资料，明确工作任务的内容和要求。随着学习活动的展开，逐项填写生产派工单中的空白项目内容，完成学习任务。

生产派工单

单号：＿＿＿＿＿＿＿＿　开单部门：＿＿＿＿＿＿＿＿　开单人：＿＿＿＿＿＿＿＿

开单时间：＿＿年＿＿月＿＿日＿＿时＿＿分　接单人：＿＿＿部＿＿＿小组＿＿＿＿＿（签名）

以下由开单人填写

工作任务	设备维护和保养	完成工时	20工时
工作任务要求	完成机床的维护和保养工作，达到设备维护保养规程要求		

续表

<table>
<tr><td colspan="4">以下由接单人和确认方填写</td></tr>
<tr><td>领取材料
（含消耗品）</td><td></td><td rowspan="2">成本核算</td><td rowspan="2">金额合计：
仓管员（签名）
年 月 日</td></tr>
<tr><td>领用工具</td><td></td></tr>
<tr><td>操作者
检测</td><td></td><td colspan="2">（签名）
年 月 日</td></tr>
<tr><td>班组
检测</td><td></td><td colspan="2">（签名）
年 月 日</td></tr>
<tr><td>质检员
检测</td><td></td><td colspan="2">（签名）
年 月 日</td></tr>
<tr><td rowspan="4">生产数量
统计</td><td>合格</td><td colspan="2"></td></tr>
<tr><td>不良</td><td colspan="2"></td></tr>
<tr><td>返修</td><td colspan="2"></td></tr>
<tr><td>报废</td><td colspan="2"></td></tr>
</table>

统计： 审核： 批准：

2. 查阅相关资料，写出设备维护和保养的作用。

3. 设备维护和保养依工作量大小和难易程度不同可分为日常保养、一级保养、二级保养和三级保养，其中，日常保养是各类维护保养的基础。查阅相关资料，写出各级保养的工作内容和具体要求。

保养级别	工作内容	具体要求
日常保养		
一级保养		
二级保养		
三级保养		

4. 机床集机、电、液等技术为一体，所以对它的维护要有科学的管理，对维护过程中发现的故障隐患应及时清除，避免停机待修，从而延长设备平均无故障时间，提高机床的利用率。

机床点检维修过程见下图，从图中可以看出，点检可分为日常点检、专职点检和生产点检三个层次。查阅相关资料，写出它们的定义和检查内容。

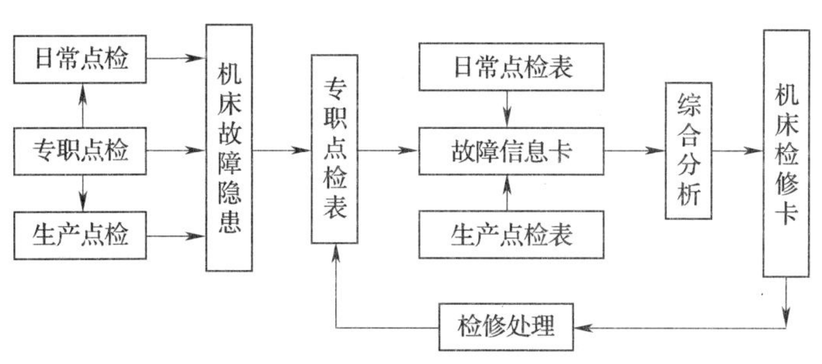

数控机床点检维修过程

点检类型	定　　义	检查内容
日常点检		
专职点检		
生产点检		

5. 查阅相关资料，写出设备的正确使用规范。

项　　目	正确使用规范
“三好”标准	
“四会”标准	
“六不准”标准	
“四保持”标准	
设备环境管理标准	

6. 根据任务要求，对现有小组成员进行合理分工，并填写分工表。

序号	组员姓名	组员分工	备注

7. 列出设备维护和保养所需的工具、量具、检具清单。

序号	名称	图示	主要功用	精度	备注
1	油壶		给机械设备加注润滑油		
2	活扳手		拆卸和紧固螺栓		

8．查阅资料，小组讨论并制订设备维护和保养任务的工作计划。

序号	工作内容	完成时间	工作要求	备注
1	接受生产派工单		认真识读生产派工单，了解工作任务的具体要求	
2	查询相关资料		查阅设备维护和保养的有关知识，了解设备正确使用规范	

评价与分析

学习活动过程评价表

<table>
<tr><td>班级</td><td></td><td>姓名</td><td></td><td>学号</td><td></td><td>日期</td><td>年　月　日</td></tr>
<tr><td>序号</td><td colspan="5">评价要点</td><td>配分</td><td>得分</td><td>总评</td></tr>
<tr><td>1</td><td colspan="5">能正确识读和填写生产派工单，明确任务要求</td><td>10</td><td></td><td rowspan="9">A□（86～100）
B□（76～85）
C□（60～75）
D□（60 以下）</td></tr>
<tr><td>2</td><td colspan="5">能写出设备维护和保养的作用</td><td>10</td><td></td></tr>
<tr><td>3</td><td colspan="5">能写出设备各级维护保养的内容和要求</td><td>15</td><td></td></tr>
<tr><td>4</td><td colspan="5">能了解三级点检的定义和检查内容</td><td>15</td><td></td></tr>
<tr><td>5</td><td colspan="5">能查阅相关资料，明确设备正确使用规范</td><td>10</td><td></td></tr>
<tr><td>6</td><td colspan="5">能遵守劳动纪律，以积极的态度接受工作任务</td><td>10</td><td></td></tr>
<tr><td>7</td><td colspan="5">能积极参与小组讨论，团队间相互合作</td><td>15</td><td></td></tr>
<tr><td>8</td><td colspan="5">能及时完成老师布置的任务</td><td>15</td><td></td></tr>
<tr><td colspan="6">总分</td><td>100</td><td></td></tr>
<tr><td>小结
建议</td><td colspan="8"></td></tr>
</table>

学习活动 2　设备维护和保养

学习目标

1. 能写出设备维护和保养的工作流程。
2. 能查阅设备维护和保养规范和要求。
3. 能正确使用设备维护和保养工具。
4. 能正确加注润滑油、冷却液。
5. 能独立处理设备维护和保养中出现的问题。

建议学时：10 学时

学习过程

1. 查阅相关资料，写出设备维护和保养的工作流程。

2. 查阅相关资料，写出机床维护和保养的要求。

<table>
<tr><th colspan="2">维护类型</th><th>具 体 要 求</th></tr>
<tr><td colspan="2">日常维护</td><td>1. 擦拭机床丝杠和导轨的外露部分，用轻质油洗去污物和切屑
2. 擦拭全部外露限位开关的周围区域，仔细擦拭各传感器的齿轮、齿条、连杆和检测头
3. 检查润滑油箱和液压油箱及油压、油温、油雾的油量
4. 使电气系统和液压系统至少升温 30 min，检查各参数是否正常，气压压力是否正常，有无泄漏
5. 空运转使各运动部件得到充分润滑，防止卡死
6. 检查刀架转位、定位情况</td></tr>
<tr><td rowspan="4">定期维护</td><td>每月维护</td><td></td></tr>
<tr><td>每两月维护</td><td></td></tr>
<tr><td>每季维护</td><td></td></tr>
<tr><td>每半年维护</td><td></td></tr>
</table>

3. 定期给机床加注润滑油是设备维护和保养工作的一项重要工作。下图所示是某车床润滑点分布图，写出车床各润滑部位的名称及所用润滑油的种类、加油期、换油期。

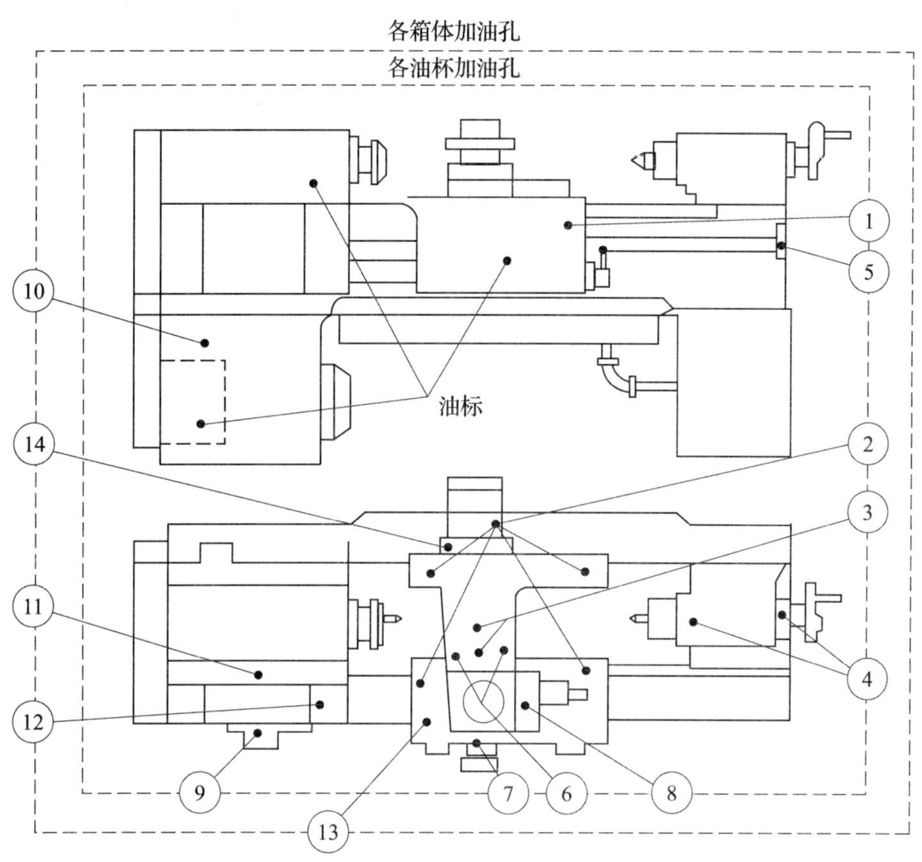

车床润滑点分布示意图

序号	润滑部位	孔数	油类	加油期	换油期
1	丝杠螺母	1	机油		
2	溜板与床身滑动面	4	机油		
3	横进刀螺母	2			
4		2		每班一次	
5		1		适量注入	6个月
6		2			

续表

序号	润滑部位	孔数	油类	加油期	换油期
7	横进刀轴承	1			
8	刀架支承轴承	1	钙基脂		6 个月
9	变速机构	1	机油		
10		1	20 号机油		6 个月
11		1		按油标	
12		1		按油标	
13		1		适量注入	
14		1	钙基脂	适量注入	6 个月

4. 给机床加注润滑油时，常用的方式有哪几种？结合具体实例说明。

5. 根据 CA6140 型车床的点检位置、部件，填写点检规范。

点检部位简图	点检位置	部件	标号	点检内容	点检方法	要求规格（标准值）
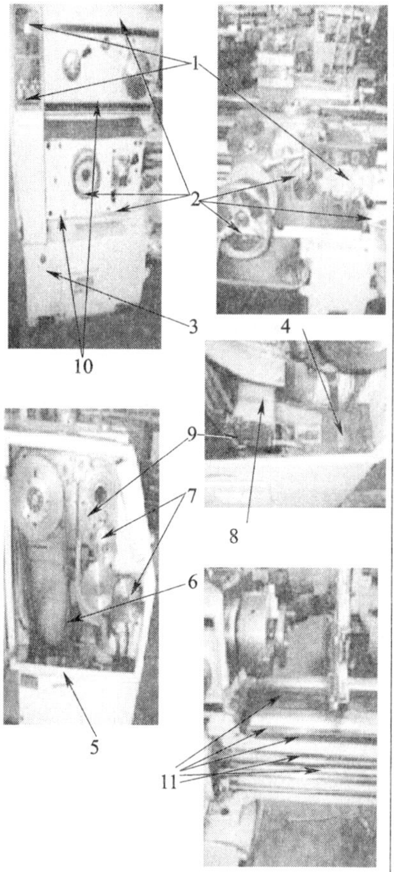	电器开关、操作机构	电源总开关、按钮开关、开关锁、急停开关	1	外观	目视	
				动作	手拭	
		手柄、操作杆、手轮	2	外观	目视	
				动作	手拭	
	主传动、润滑机构	主油箱	3	油标视窗	目视	
				油位	目视	
			4	加油	油壶	
		主电机	5	异响	耳听	
				异味	嗅觉	
				振动	目视	
				温度	手拭	
				外观	目视	
				配线	目视	
		传动皮带	6	外观	目视	
				张力	目视/耳听	
		传动齿轮	7	外观	目视	
				异响	耳听	
		油泵	8	外观	目视	
				油压	目视	
		油管	9	外观	目视	
		床头箱及进给箱	10	运行	耳听	
		导轨、丝杠、光杠、齿条	11	外观	目视	
				润滑	油壶/抹布	

续表

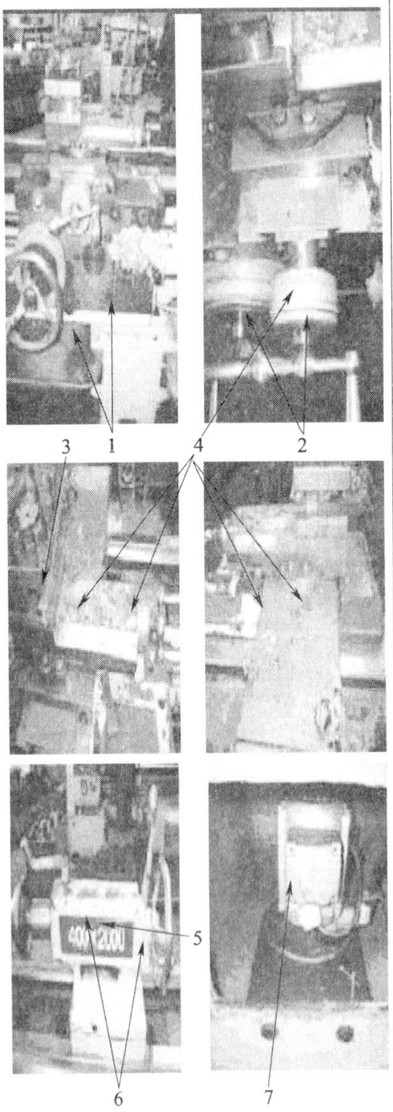

点检部位简图	点检位置	部件	标号	点检内容	点检方法	要求规格（标准值）
	溜板箱、刀架部分	箱体	1	油标视窗	目视	
				油位	目视	
				加油	油壶	
				运行	耳听	
		定位标尺	2	外观	目视	
				转动	手拭	
		刀架	3	外观	目视	
			4	各部位润滑	油枪	
	尾座部分	尾座	5	外观	目视	
				动作	手拭	
			6	润滑	油枪	
	冷却系统	冷却水泵	7	异响	耳听	
				异味	嗅觉	
				振动	目视	
				温度	手拭	
				外观	目视	
				配线	目视	
				水压	目视	
				冷却液面	目视	

评价与分析

学习活动过程评价表

<table>
<tr><td>班级</td><td></td><td>姓名</td><td></td><td>学号</td><td></td><td>日期</td><td>年　月　日</td></tr>
<tr><td>序号</td><td colspan="4">评价要点</td><td>配分</td><td>得分</td><td>总评</td></tr>
<tr><td>1</td><td colspan="4">能写出设备维护和保养的工作流程</td><td>10</td><td></td><td rowspan="9">A□（86～100）
B□（76～85）
C□（60～75）
D□（60 以下）</td></tr>
<tr><td>2</td><td colspan="4">能写出机床维护和保养的要求</td><td>10</td><td></td></tr>
<tr><td>3</td><td colspan="4">熟悉机床润滑点分布，并能正确选择润滑油</td><td>10</td><td></td></tr>
<tr><td>4</td><td colspan="4">能掌握机床加注润滑油的方式</td><td>10</td><td></td></tr>
<tr><td>5</td><td colspan="4">能对 CA6140 型车床进行维护和保养</td><td>30</td><td></td></tr>
<tr><td>6</td><td colspan="4">能遵守劳动纪律，以积极的态度接受工作任务</td><td>10</td><td></td></tr>
<tr><td>7</td><td colspan="4">能积极参与小组讨论，团队间相互合作</td><td>10</td><td></td></tr>
<tr><td>8</td><td colspan="4">能及时完成老师布置的任务</td><td>10</td><td></td></tr>
<tr><td colspan="5">总分</td><td>100</td><td></td></tr>
<tr><td>小结
建议</td><td colspan="7"></td></tr>
</table>

学习活动3 任务验收、交付使用

学习目标

1. 能正确填写维修验收单，明确验收要求。
2. 能按照企业工作制度请操作人员验收。
3. 能填写设备维护和保养卡片，并交付使用。

建议学时：2学时

学习过程

1. 根据任务要求，熟悉维修验收单格式，并完成验收单的填写。

维修验收单	
维修项目	设备维护和保养
维修单位	
维修时间节点	
验收日期	
验收项目及要求	1. 电器开关、操纵机构 2. 主传动、润滑机构

续表

<table>
<tr><th colspan="4">维修验收单</th></tr>
<tr><td>验收项目及要求</td><td colspan="3">3. 溜板箱

4. 刀架部分

5. 尾座部分

6. 冷却系统

7. 6S 管理</td></tr>
<tr><td>验收人</td><td></td><td></td><td></td></tr>
</table>

2. 根据对 CA6140 型车床的点检情况，填写点检结果表。

<table>
<tr><th rowspan="2">序号</th><th colspan="2">点检内容</th><th colspan="3">点检结果</th><th rowspan="2">点检人签名</th></tr>
<tr><th>点检位置</th><th>点检内容</th><th>正常（√）</th><th>不正常（×）</th><th>已处理好（⊗）</th></tr>
<tr><td>1</td><td>电器开关、操纵机构</td><td>各开关无损坏、固定牢靠、功能正常；手柄、手轮、操纵杆无损坏、无变形、无缺件，定位可靠，功能正常</td><td></td><td></td><td></td><td></td></tr>
</table>

续表

序号	点检内容		点检结果			点检人签名
	点检位置	点检内容	正常（√）	不正常（×）	已处理好（⊗）	
2	主传动、润滑机构	主电动机无异响、无异味等现象，运行正常；皮带无开裂、无打滑等；传动齿轮无异损，传动正常无异响				
3		油箱油位在正常范围内，缺少则添加；油泵运行正常无异响，油压正常				
4		床头箱及进给箱运行无异常响声				
5		导轨、丝杠、光杠、齿条等无研伤、无拉伤、无变形、无扭曲，按要求加注润滑油				
6	溜板箱	溜板箱油位正常，运行无异常响声，各操作手柄定位尺转动灵活，刻度及字体清晰				
7	刀架部分	刀架各部分无异损、固定牢靠，按规定要求加注润滑油				
8	尾座部分	顶尖及尾座移动灵活，无卡滞，按规定要求加注润滑油				
9	冷却系统	液面正常，水泵无异常现象，运转正常				
10	6S 管理	机身外表、周围环境、机床模具及附件整洁，并注意防锈				
备注	常用点检方法：视、听、闻、手感、清扫、加油、紧固					

3. 根据上述检查数据，给出本次任务验收的结论。

4. 验收结束后，按照6S管理要求规整场地，并完成下列表格的填写。

序号	名称	自我评价	做得较好的方面	做得不满意的方面	改进措施
1	整理（SEIRI）				
2	整顿（SEITON）				
3	清扫（SEISO）				
4	清洁（SEIKETSU）				
5	素养（SHITSUKE）				
6	安全（SECURITY）				

评价与分析

学习活动过程评价表

班级		姓名		学号		日期	年　月　日
序号	评价要点				配分	得分	总评
1	能正确填写维修验收单				10		A□（86～100） B□（76～85） C□（60～75） D□（60以下）
2	能说出验收项目的要求				15		
3	能根据验收项目进行检验，并记录相关数据				20		
4	能判断验收项目是否合格，并给出总体验收结论				15		
5	能按照6S管理要求清理场地				10		
6	能遵守劳动纪律，以积极的态度接受工作任务				10		
7	能积极参与小组讨论，团队间相互合作				10		
8	能及时完成老师布置的任务				10		
总分					100		
小结建议							

学习活动 4　工作总结与评价

学习目标

1. 能按分组情况，分别派代表展示工作成果，说明本次任务的完成情况，并作分析总结。

2. 能结合自身任务完成情况，正确规范撰写工作总结（心得体会）。

3. 能就本次任务中出现的问题，提出改进措施。

4. 能对学习与工作进行反思总结，并能与他人开展良好合作，进行有效的沟通。

建议学时：4 学时

学习过程

一、展示评价（个人、小组评价）

每个人先在组里进行经验交流与成果展示，再由小组推荐代表作必要的介绍。在交流的过程中，以组为单位进行评价；评价完成后，根据其他组成员对本组设备维护和保养的评价意见进行归纳总结。完成如下项目：

1. 交流的经验是否符合生产实际？

符合□　　　　基本符合□　　　　不符合□

2. 与其他组相比，本小组设计的维护和保养工艺如何？

工艺优化□　　　　工艺合理□　　　　工艺一般□

3. 本小组介绍经验时表达是否清晰？

很好□　　　　一般，常补充□　　　　不清晰□

4. 本小组演示时，维护保养操作是否正确?

正确□　　部分正确□　　不正确□

5. 本小组演示操作时遵循了“6S”的工作要求吗?

符合工作要求□　　忽略了部分要求□　　完全没有遵循□

6. 本小组的成员团队创新精神如何?

良好□　　般□　　不足□

二、自评总结（心得体会）

三、教师评价

1. 找出各组的优点进行点评。
2. 对展示过程中各组的缺点进行点评，提出改进方法。
3. 对整个任务完成中出现的亮点和不足进行点评。

评价与分析

学习任务一总体评价表

班级：__________　　　　姓名：__________　　　　学号：________

项目	自我评价			小组评价			教师评价		
	10～9	8～6	5～1	10～9	8～6	5～1	10～9	8～6	5～1
	占总评10%			占总评30%			占总评60%		
学习活动1									
学习活动2									
学习活动3									
学习活动4									
协作精神									
纪律观念									
表达能力									
工作态度									
安全意识									
任务总体表现									
小计									
总评									

任课教师：________　年　月　日

学习任务二　齿轮传动机构故障维修

1. 能接受维修任务，明确任务要求，写出小组成员、工作地点、维修对象、维修时间，初步了解故障现象，服从工作安排。

2. 能通过耐心细致的有效沟通，记录操作人员反映的信息，通过小组讨论，提取有效信息，充分了解故障现象。

3. 能查阅设备维修档案，摘录并分析设备的维修记录，正确获取设备的工作年限、故障出现频率等有效信息。

4. 能按照工艺文件和维修原则，通过小组讨论写出维修步骤。

5. 能正确选择维修工具、检验量具、辅助工具、维修辅料、标识牌等，并列出工量具清单。

6. 能正确安放标识牌，做好场地安全防护措施，穿戴好劳保防护用品。

7. 能对故障部位零部件进行拆卸，写出需要修复、更换的齿轮，制定合理的修复或更换方案。

8. 能对齿轮进行修复或更换，并对更换的齿轮进行测绘。

9. 能对齿轮进行装配、检测和调整。

10. 能按照企业工作制度请操作人员验收，交付使用，并填写维修记录。

11. 能严格遵守起吊、搬运、用电、消防等安全规程要求。

12. 能清理场地，归置物品，并按照环保规定处置废油液等废弃物。

13. 能写出完成此项任务的工作小结。

60 学时

工作情境描述

某车间里有一台 CA6140 型车床主轴箱出现噪声，并伴有“咯咯”响声，操作者通过排查发现故障原因是某个齿轮失效造成的，需要对齿轮进行修理。由于生产任务时间紧，车间把维修任务交给了我们小组，要求在最短的时间内对齿轮传动机构进行维修，以恢复主轴箱的正常运转。

工作流程与活动

维修人员在接受维修任务后，到现场与操作人员沟通，勘察故障现象，查阅机床维修手册，进行故障诊断，明确故障点；故障确认后制订维修方案，做好维修前的准备工作；在维修过程中，通过对齿轮的修复或更换，来完成故障排除，如果需要更换齿轮还需测绘出齿轮的零件图；故障排除后请操作人员验收，合格后交付使用，并填写维修记录；最后，撰写工作小结，采用不同形式进行经验交流。在工作过程中严格遵守起吊、搬运、用电、消防等安全规程要求，按照现场管理规范清理场地、归置物品，并按照环保规定处置废油液等废弃物。

学习活动 1　接受工作任务、制订维修计划（10 学时）

学习活动 2　齿轮传动机构故障维修（36 学时）

学习活动 3　任务验收、交付使用（10 学时）

学习活动 4　工作总结与评价（4 学时）

设备结构图

车床主轴箱结构图

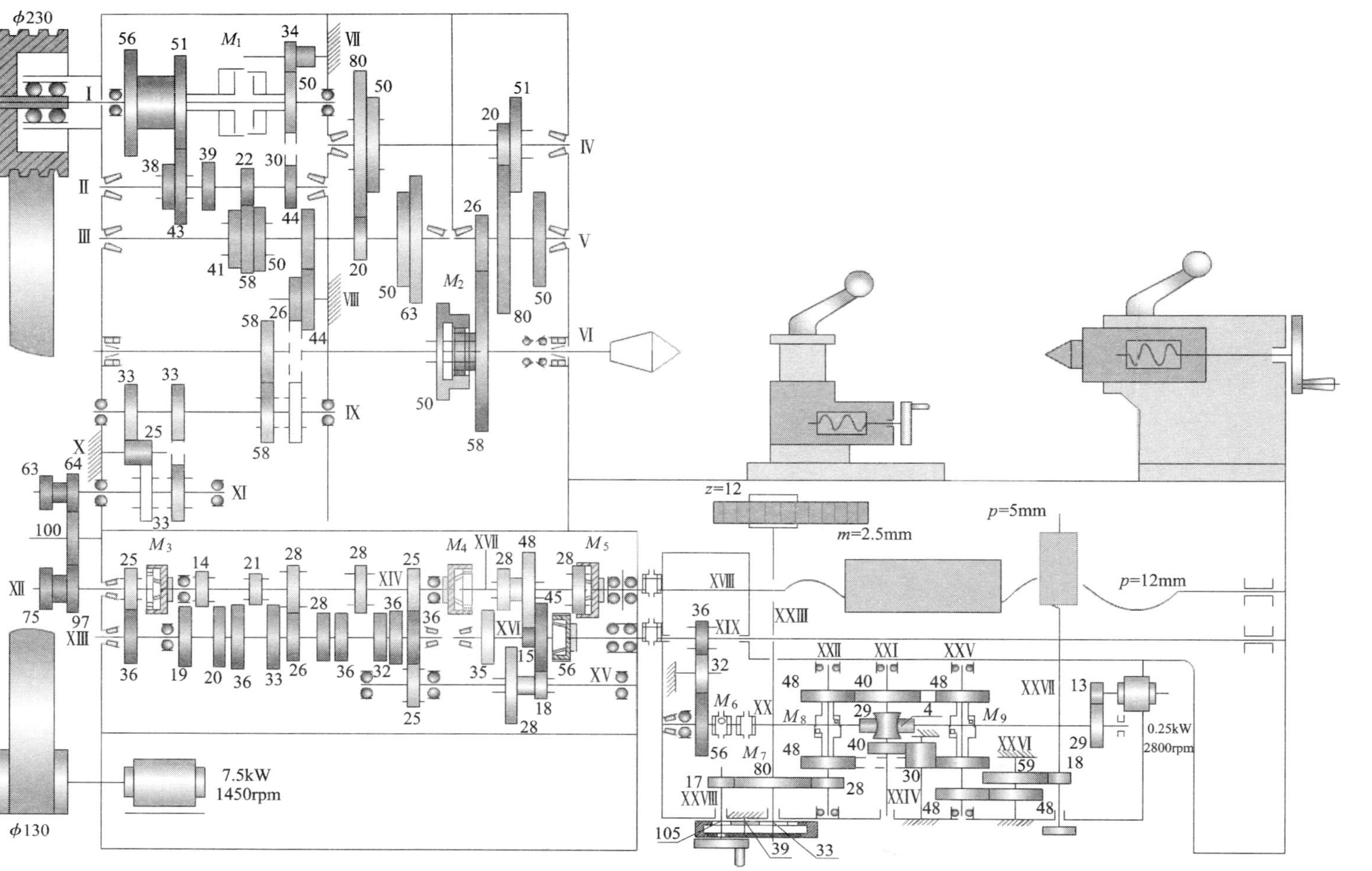

CA6140 型卧式车床的传动系统图

学习活动1　接受工作任务、制订维修计划

学习目标

1. 能识读生产派工单，接受齿轮传动机构故障维修工作任务，明确工作要求。

2. 能查阅资料，了解车床主轴箱的结构和主传动系统的相关知识。

3. 查阅相关技术资料，获取齿轮传动精度检验的技术要求。

4. 能正确选择维修工具、检验量具、辅助工具，并列出工、量具清单。

5. 能制订齿轮传动机构故障维修的工作计划。

建议学时：10 学时

学习过程

1. 仔细阅读下面的生产派工单，按照生产派工单提供的基本信息，查阅相关资料，明确工作任务的内容和要求。随着学习活动的展开，逐项填写生产派工单中的空白项目内容，完成学习任务。

生产派工单

单号：__________　开单部门：__________　开单人：__________

开单时间：____年____月____日____时____分　接单人：______部______小组__________（签名）

续表

<table>
<tr><td colspan="5">以下由开单人填写</td></tr>
<tr><td>工作任务</td><td colspan="2">齿轮传动机构故障维修</td><td>完成工时</td><td>60 工时</td></tr>
<tr><td>工作任务要求</td><td colspan="4">完成 CA6140 型车床主轴箱齿轮的修复，达到各项精度要求，参考国家标准 GB/T 10095—2008和 GB/T 18620—2008</td></tr>
<tr><td colspan="5">以下由接单人和确认方填写</td></tr>
<tr><td>领取材料（含消耗品）</td><td colspan="2"></td><td rowspan="2">成本核算</td><td rowspan="2">金额合计：
仓管员（签名）
年　月　日</td></tr>
<tr><td>领用工具</td><td colspan="2"></td></tr>
<tr><td>操作者检测</td><td colspan="2"></td><td colspan="2">（签名）
年　月　日</td></tr>
<tr><td>班组检测</td><td colspan="2"></td><td colspan="2">（签名）
年　月　日</td></tr>
<tr><td>质检员检测</td><td colspan="2"></td><td colspan="2">（签名）
年　月　日</td></tr>
<tr><td rowspan="4">生产数量统计</td><td>合格</td><td colspan="3"></td></tr>
<tr><td>不良</td><td colspan="3"></td></tr>
<tr><td>返修</td><td colspan="3"></td></tr>
<tr><td>报废</td><td colspan="3"></td></tr>
</table>

统计：　　　　　　　　审核：　　　　　　　　批准：

2. 查阅资料，写出齿轮传动的优缺点及其应用范围。

优点	缺点	应用范围

3. 下图所示为齿轮传动的几种常见形式，写出各图代表的齿轮传动的名称。

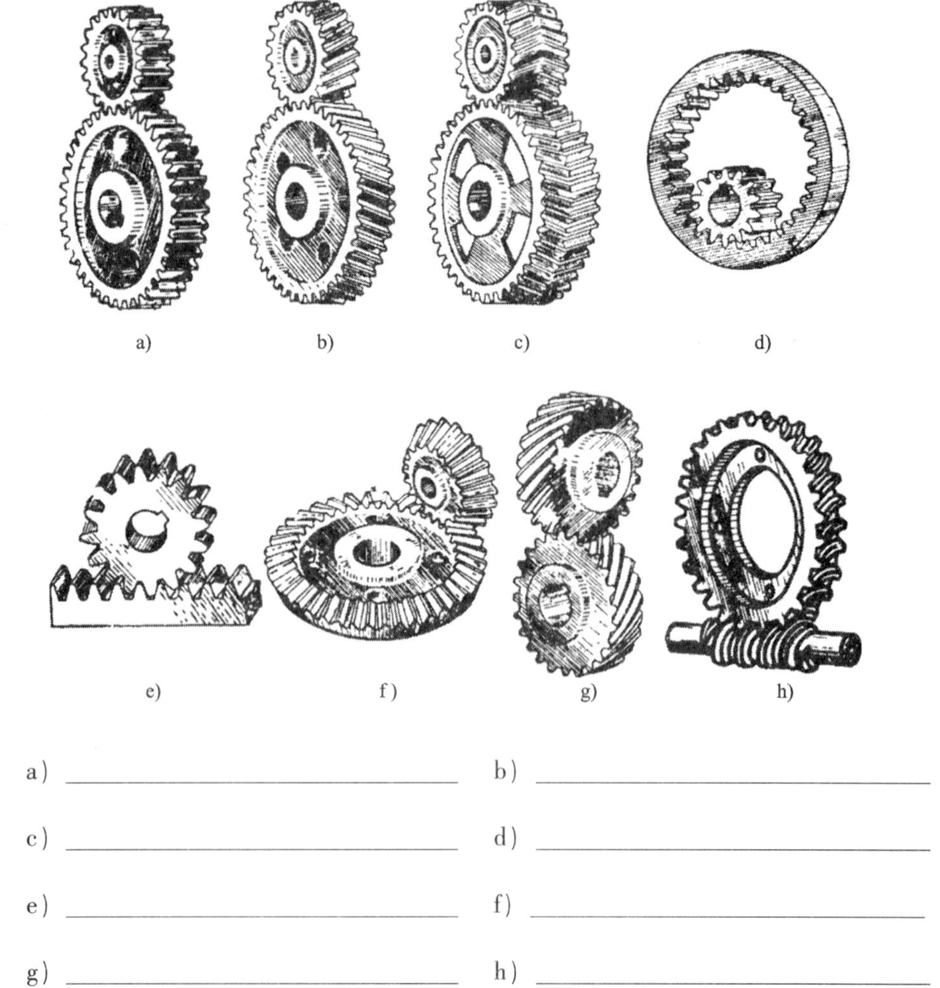

a) ______________________　b) ______________________

c) ______________________　d) ______________________

e) ______________________　f) ______________________

g) ______________________　h) ______________________

4. 对照下图，写出渐开线齿廓的形成过程。

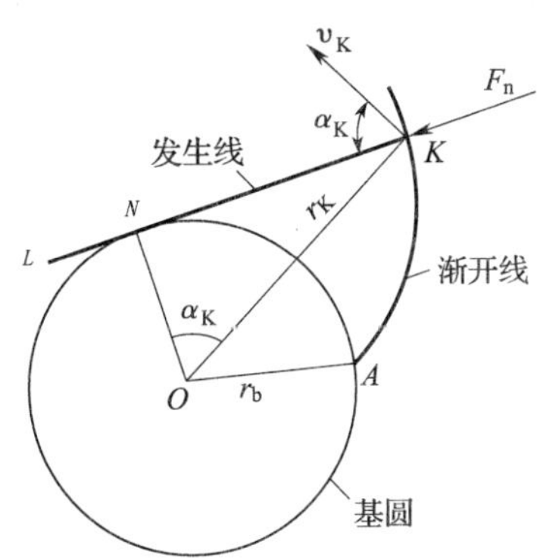

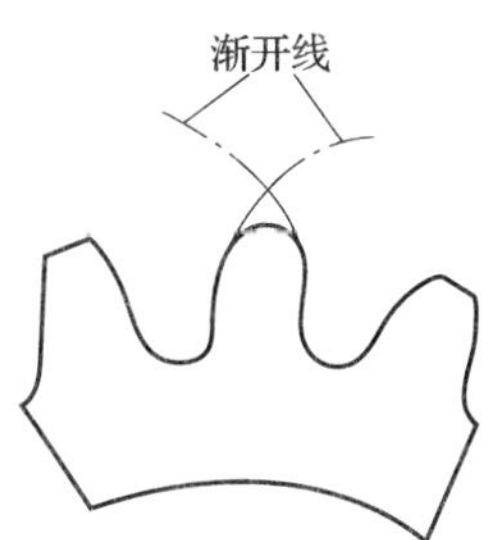

5. 对照下图，写出外啮合标准直齿圆柱齿轮的几何参数的代号、定义及计算公式。

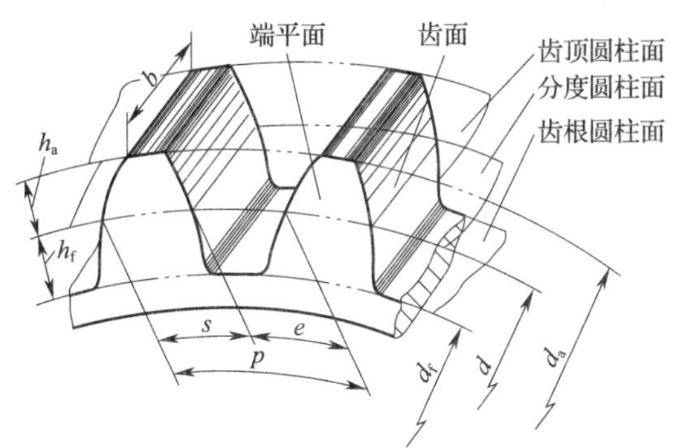

名称	代号	定义	计算公式
模数			
压力角			
齿数			
分度圆直径			
齿顶圆直径			

续表

名称	代号	定义	计算公式
齿根圆直径			
基圆直径			
齿距			
齿厚			
槽宽			
齿顶高			
齿根高			
齿高			
齿宽			
中心距			

6. 对照下图，写出标准直齿圆柱齿轮的啮合方式，并叙述其正确啮合条件。

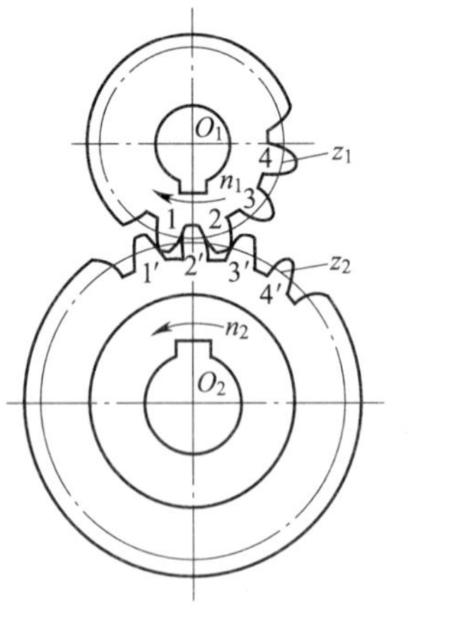

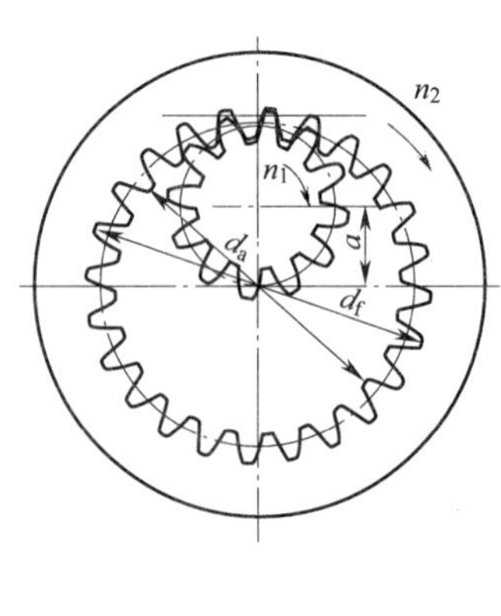

________________　　________________

7．根据 CA6140 型卧式车床的传动系统图，写出其主运动的传动路线。

8．对照下图，写出 CA6140 型卧式车床主轴箱各部分的名称。

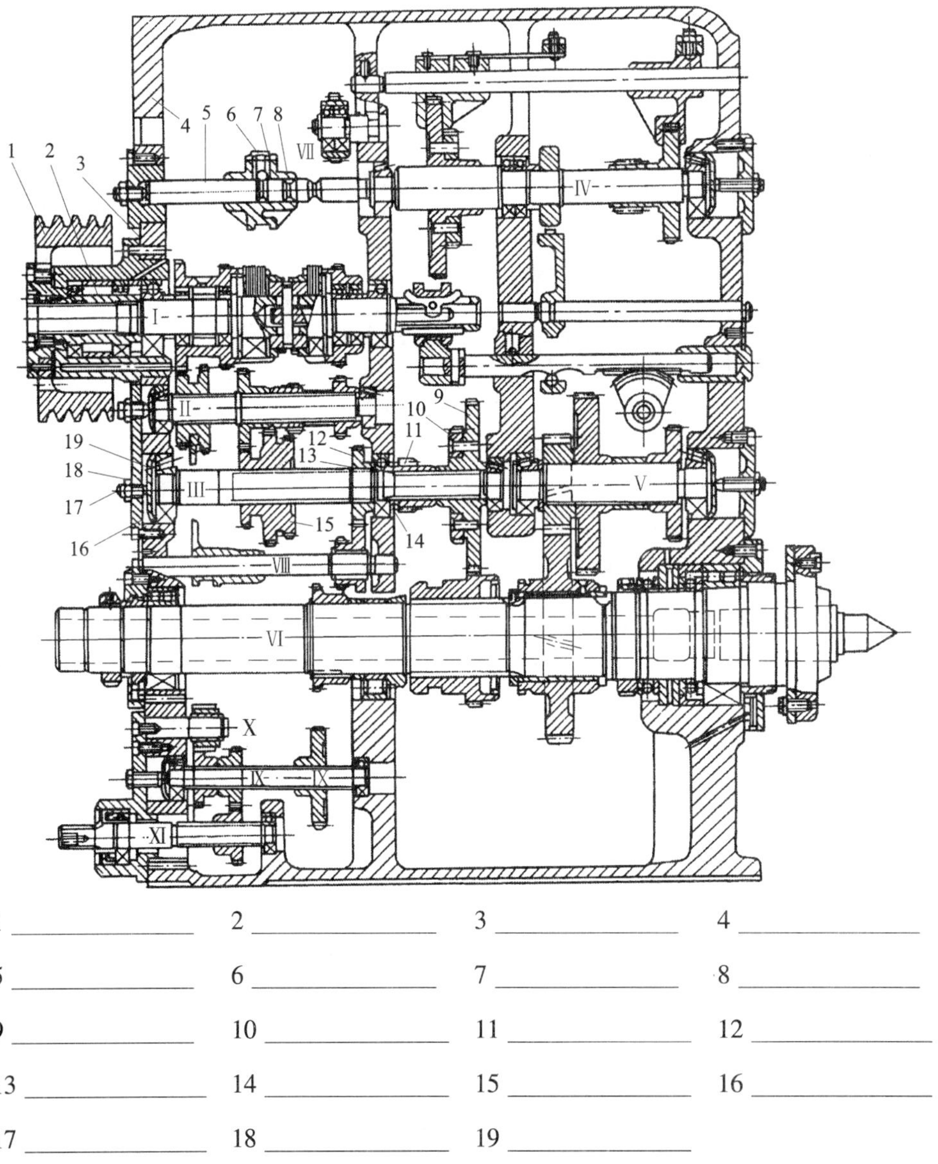

1 ____________　2 ____________　3 ____________　4 ____________

5 ____________　6 ____________　7 ____________　8 ____________

9 ____________　10 ____________　11 ____________　12 ____________

13 ____________　14 ____________　15 ____________　16 ____________

17 ____________　18 ____________　19 ____________

9. 根据任务要求，对现有小组成员进行合理分工，并填写分工表。

序号	组员姓名	组员分工	备注

10. 列出齿轮传动机构故障维修所需的工具、量具、检具清单。

序号	名称	图示	主要功用	精度	备注
1	轴承拉拔器		将轴承从轴承座内取出		
2	拔销器		取出带内螺纹的销		

11. 查阅资料，小组讨论并制订齿轮传动机构故障维修任务的工作计划。

序号	工作内容	完成时间	工作要求	备注
1	接受生产派工单		认真识读生产派工单，了解工作任务的具体要求	
2	查询相关资料		查阅车床主轴箱的有关知识，了解齿轮传动机构故障	

评价与分析

学习活动过程评价表

<table>
<tr><td>班级</td><td></td><td>姓名</td><td></td><td>学号</td><td></td><td>日期</td><td>年　月　日</td></tr>
<tr><td>序号</td><td colspan="5">评价要点</td><td>配分</td><td>得分</td><td>总评</td></tr>
<tr><td>1</td><td colspan="5">能正确识读并填写生产派工单，明确任务要求</td><td>5</td><td></td><td rowspan="15">A□（86～100）
B□（76～85）
C□（60～75）
D□（60以下）</td></tr>
<tr><td>2</td><td colspan="5">能写出齿轮传动的优缺点及应用范围</td><td>5</td><td></td></tr>
<tr><td>3</td><td colspan="5">能识别常见的齿轮传动形式</td><td>5</td><td></td></tr>
<tr><td>4</td><td colspan="5">能写出渐开线齿廓的形成过程</td><td>5</td><td></td></tr>
<tr><td>5</td><td colspan="5">能写出外啮合标准直齿圆柱齿轮的几何参数</td><td>10</td><td></td></tr>
<tr><td>6</td><td colspan="5">能写出直齿圆柱齿轮的啮合方式及正确啮合条件</td><td>5</td><td></td></tr>
<tr><td>7</td><td colspan="5">能写出 CA6140 型车床主运动的传动路线</td><td>5</td><td></td></tr>
<tr><td>8</td><td colspan="5">能查阅资料，熟悉车床主轴箱的结构</td><td>10</td><td></td></tr>
<tr><td>9</td><td colspan="5">能根据工作要求，对小组成员进行合理分工</td><td>10</td><td></td></tr>
<tr><td>10</td><td colspan="5">能列出齿轮传动机构故障维修所需的工具、量具、检具清单</td><td>10</td><td></td></tr>
<tr><td>11</td><td colspan="5">能制订齿轮传动机构故障维修的工作计划</td><td>10</td><td></td></tr>
<tr><td>12</td><td colspan="5">能遵守劳动纪律，以积极的态度接受工作任务</td><td>10</td><td></td></tr>
<tr><td>13</td><td colspan="5">能积极参与小组讨论，团队间相互合作</td><td>5</td><td></td></tr>
<tr><td>14</td><td colspan="5">能及时完成老师布置的任务</td><td>5</td><td></td></tr>
<tr><td colspan="6">总分</td><td>100</td><td></td></tr>
<tr><td>小结
建议</td><td colspan="8"></td></tr>
</table>

学习活动 2　齿轮传动机构故障维修

学习目标

1. 能查阅机床维修档案，摘录并分析维修记录，获取有效信息。

2. 能掌握齿轮失效的相关知识。

3. 能对齿轮传动机构故障进行诊断，画出诊断流程图，找到故障点。

4. 能按照工艺文件和维修原则，通过小组讨论写出维修步骤。

5. 能对故障部位零部件和元器件进行修复或更换。

6. 能对齿轮进行测绘，从而得出齿轮的几何参数，为更换齿轮提供依据。

建议学时：36 学时

学习过程

1. 机械零件的修理工艺有多种，下图所示是目前较普遍使用的修理工艺。结合实例，说说维修机床常见故障时，一般会用到哪些修理工艺?

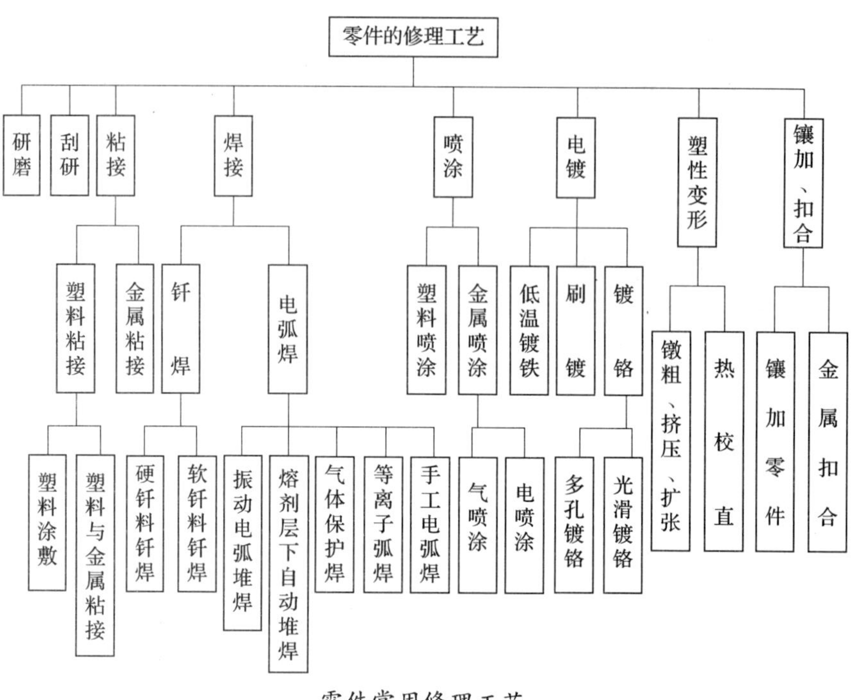

零件常用修理工艺

2. 机械零件在使用过程中，由于设计、材料、工艺及装配等各方面的原因，使其丧失规定的功能，无法继续工作的现象称为失效。查阅相关资料，说明齿轮常见的失效形式有哪几种?

3. 带照相机到实习工厂，拍摄齿轮失效的相关照片，并分析故障类型和原因。

图例	故障类型和原因

（贴照片处）	
（贴照片处）	

4. 通过上面的学习，根据齿轮的常见失效形式，完成下表。

齿轮故障类型		故障特征	故障原因	损坏部位示意图
表面接触疲劳损伤	麻点疲劳剥落			
	浅层疲劳剥落			
	硬化层剥落			 硬化层深度
齿轮弯曲断裂	疲劳断齿			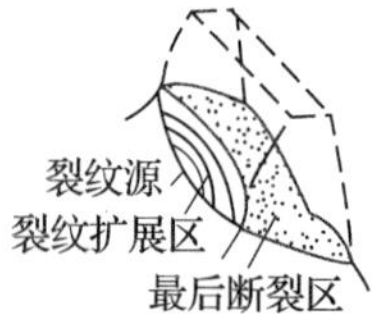 裂纹源 裂纹扩展区 最后断裂区
	过载断齿			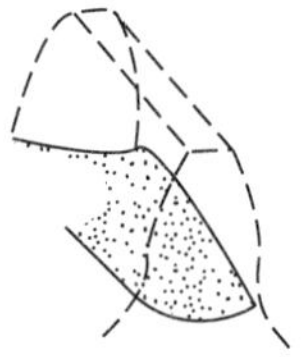
磨损	磨粒磨损			
	腐蚀磨损			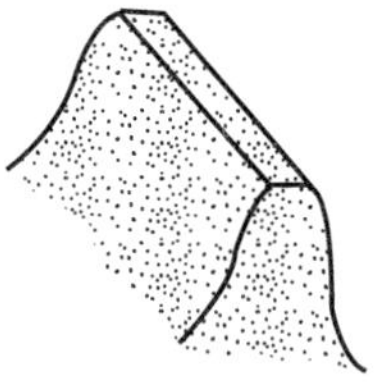

续表

齿轮故障类型		故障特征	故障原因	损坏部位示意图
磨损	胶合磨损			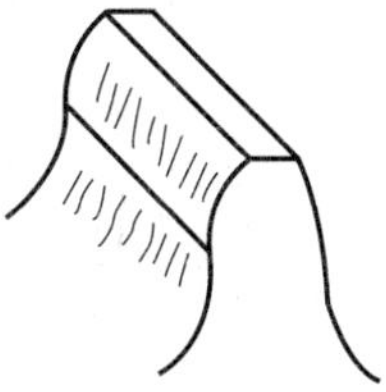
	齿端冲击磨损			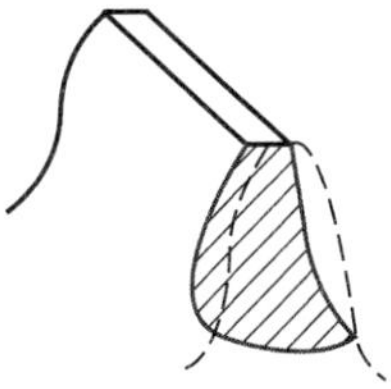
齿面塑性变形	塑性变形			
	压痕			
	塑变折皱			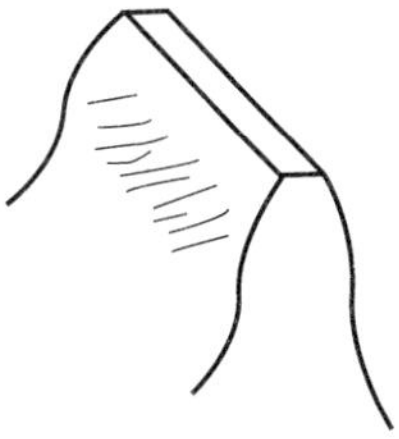

5. 故障诊断是一门新技术，它在保证关键机械设备完好和正常工作，提高生产率，降低成本，加强生产管理等方面起到了重要作用。结合实际，分析齿轮传动机构进行故障诊断所需的过程，画出诊断流程图。

6. 查阅资料，写出齿轮维修技术标准（失效判据）。

7. 根据齿轮传动机构的故障类型，确定修理方法。

故障类型	修理方法
齿轮疲劳磨损、点蚀剥离	
轮齿崩裂和折断	

续表

故障类型	修理方法
斑点集中在固定区域内	
低速运转的齿轮产生磨损	
高速运转的齿轮产生磨损	
齿顶变尖，齿根咬伤	
齿形表面形成波纹	
胶合	
齿轮发生整体塑性变形	
一对啮合齿轮，较小的齿轮磨损大	
材料较软的齿轮磨损	
杂质和磨料嵌在较软齿轮表面	

8．根据齿轮的修理方法，完成下表。

序号	损坏部位	修理方法	
		达到基本尺寸	达到修配尺寸
1	轮齿		
2	齿角		
3	孔径		
4	键槽		
5	离合器爪		

9．分析下表所示齿轮修理方法的适用场合和工艺过程。

修理方法	示意图	适用场合	工艺过程
镶齿修复法	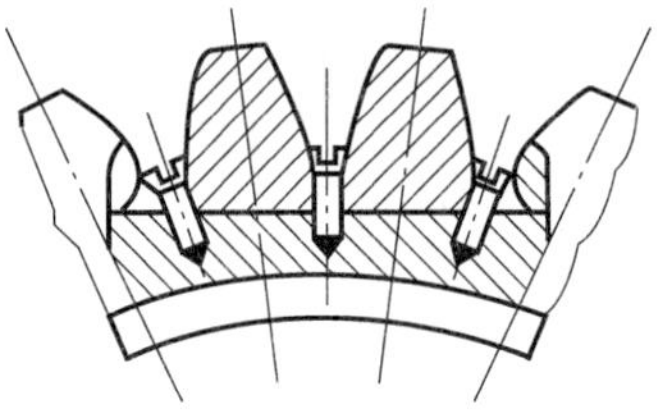		
镶齿圈修复法	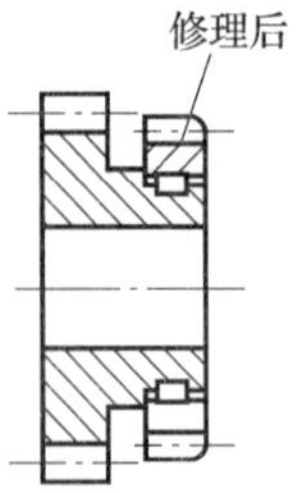 修理后		
齿轮翻转使用法	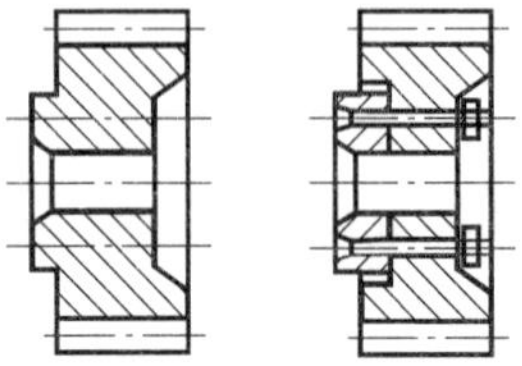		

续表

修理方法	示意图	适用场合	工艺过程
修复铸铁齿轮的断齿	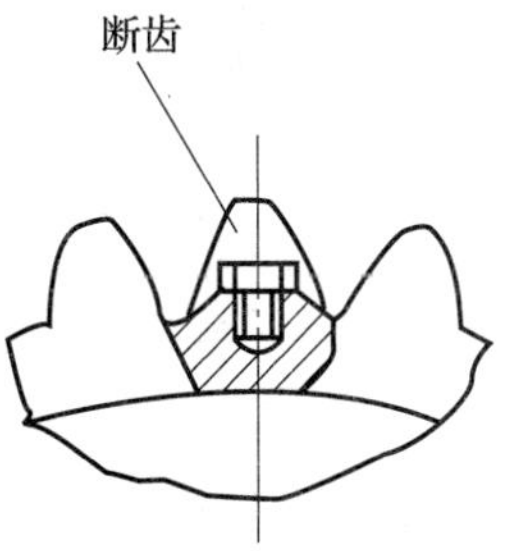 断齿		
镶焊齿坯修理法	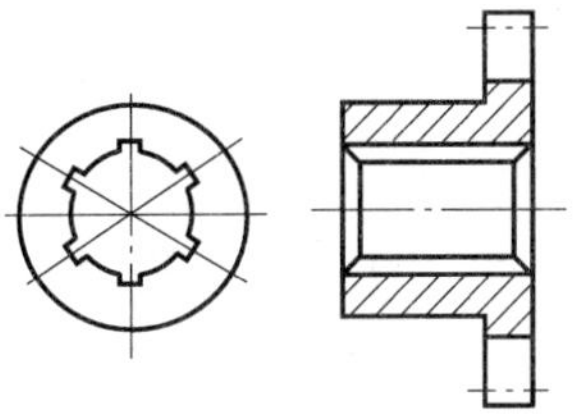		
塑性变形修理法	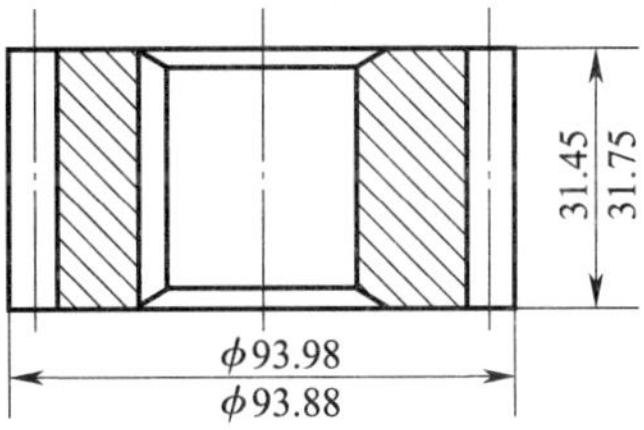 31.45 31.75 ϕ93.98 ϕ93.88		
堆焊修理法	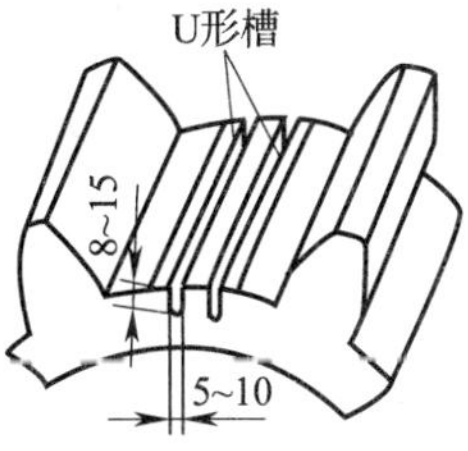 U形槽 8~15 5~10		

10. 齿轮损坏后，若不能修复，需要更换受损的齿轮，这时需要测绘出齿轮的零件图。查阅相关资料，回答下列问题。

（1）根据下图，写出直齿圆柱齿轮公法线长度 W 的测量及计算方法。

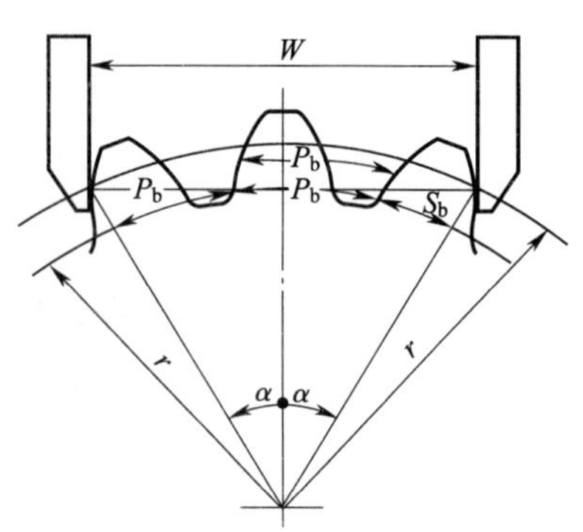

（2）根据下图，写出齿顶圆直径 d_a 的测量及计算方法。

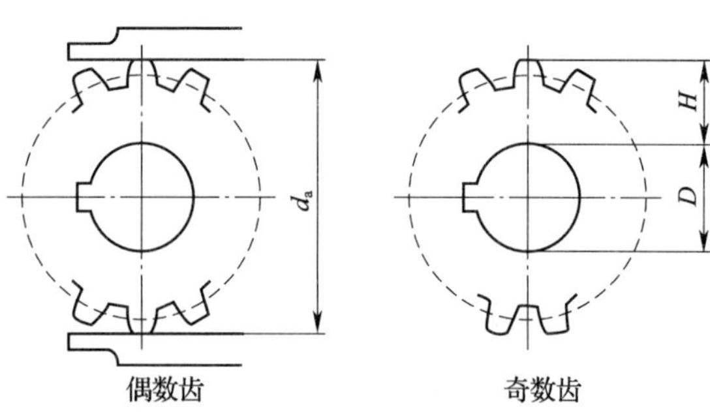

（3）根据下图，写出啮合中心距 a' 的测量及计算方法。

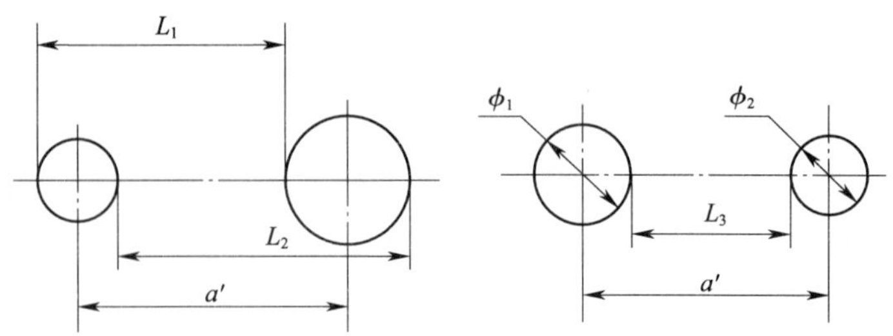

（4）根据下图，写出齿厚 s 的测量方法。

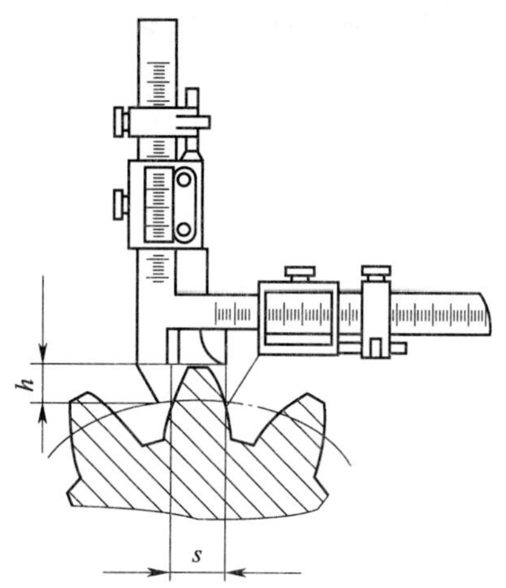

（5）如何确定齿轮的齿数（z）、模数（m）和齿形角（α）?

（6）总结测绘直齿圆柱齿轮的主要步骤。

（7）在机修车间，找一个需要更换的受损齿轮，测绘出该齿轮的零件图，将受损齿轮实物图和零件图粘贴在下列空白处。

11. 用塑性变形法和堆焊修理法修复下图所示出现磨损的齿轮，拍摄步骤图片，并记录操作要点和注意事项。

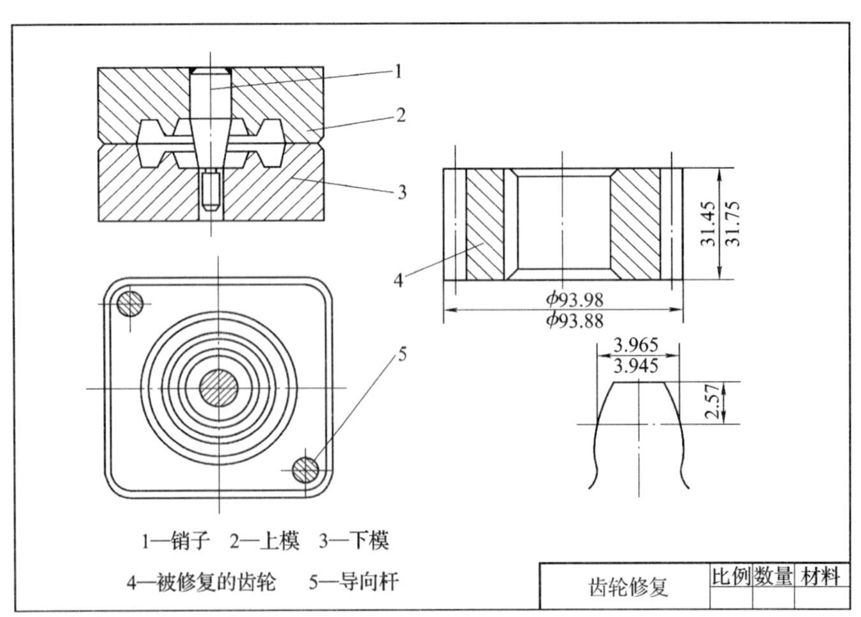

步骤	维修内容	示例	操作要点	注意事项	工量刃具
1	拆卸损伤齿轮				
2	将齿轮外圆车掉 1 ~ 1.5 mm，除去渗碳层				
3	将齿轮加热到 800 ~ 900℃ 放入下模 3 中，然后将上模 2 沿导向杆 5 装入，用手锤在上模四周均匀敲打，使上下模具互相靠紧				
4	锻压镦粗				
5	在轮齿顶部进行堆焊				
6	机械加工				
7	热处理				
8	检查齿轮的维修精度				
9	其他项目检查				

评价与分析

学习活动过程评价表

<table>
<tr><td>班级</td><td></td><td>姓名</td><td></td><td>学号</td><td></td><td>日期</td><td>年　月　日</td></tr>
<tr><td>序号</td><td colspan="5">评价要点</td><td>配分</td><td>得分</td><td>总评</td></tr>
<tr><td>1</td><td colspan="5">能了解零件的修理工艺，并分析齿轮维修需要用到哪些修理工艺</td><td>10</td><td></td><td rowspan="13">A□（86～100）
B□（76～85）
C□（60～75）
D□（60 以下）</td></tr>
<tr><td>2</td><td colspan="5">能写出齿轮的失效形式</td><td>10</td><td></td></tr>
<tr><td>3</td><td colspan="5">能根据齿轮受损形式判断故障产生的原因</td><td>5</td><td></td></tr>
<tr><td>4</td><td colspan="5">能对齿轮传动机构进行故障诊断与分析，画出诊断流程图</td><td>10</td><td></td></tr>
<tr><td>5</td><td colspan="5">能写出齿轮维修技术标准</td><td>10</td><td></td></tr>
<tr><td>6</td><td colspan="5">能根据齿轮传动机构的故障类型，确定修理方法</td><td>10</td><td></td></tr>
<tr><td>7</td><td colspan="5">能写出齿轮修理方法的适用场合和工艺过程</td><td>10</td><td></td></tr>
<tr><td>8</td><td colspan="5">能对受损齿轮进行测绘，得出齿轮的几何参数</td><td>10</td><td></td></tr>
<tr><td>9</td><td colspan="5">能完成齿轮传动机构故障的维修</td><td>10</td><td></td></tr>
<tr><td>10</td><td colspan="5">能遵守劳动纪律，以积极的态度接受工作任务</td><td>5</td><td></td></tr>
<tr><td>11</td><td colspan="5">能积极参与小组讨论，团队间相互合作</td><td>5</td><td></td></tr>
<tr><td>12</td><td colspan="5">能及时完成老师布置的任务</td><td>5</td><td></td></tr>
<tr><td colspan="6">总分</td><td>100</td><td></td></tr>
<tr><td>小结
建议</td><td colspan="8"></td></tr>
</table>

学习活动 3　任务验收、交付使用

学习目标

1. 能正确填写维修验收单，明确验收要求。
2. 能按照企业工作制度请操作人员验收。
3. 能根据检验数据，验收维修质量，并交付使用。

建议学时：10 学时

学习过程

1. 根据任务要求，熟悉维修验收单格式，并完成验收单的填写。

<table>
<tr><th colspan="4">维修验收单</th></tr>
<tr><td>维修项目</td><td colspan="3">齿轮传动机构故障维修</td></tr>
<tr><td>维修单位</td><td colspan="3"></td></tr>
<tr><td>维修时间节点</td><td colspan="3"></td></tr>
<tr><td>验收日期</td><td colspan="3"></td></tr>
<tr><td>验收项目及验收结果</td><td colspan="3">1. 传递运动的准确性

2. 传动的平稳性

3. 载荷分布的均匀性

4. 侧隙的合理性</td></tr>
<tr><td>验收人</td><td></td><td></td><td></td></tr>
</table>

2. 齿轮轴装入箱体前要对箱体进行哪些检查？如何检查？

3. 根据齿轮啮合质量检验要求，完成下表。

检查项目	检查方法	示意图	检查要点
齿轮侧隙检查	压铅检查法	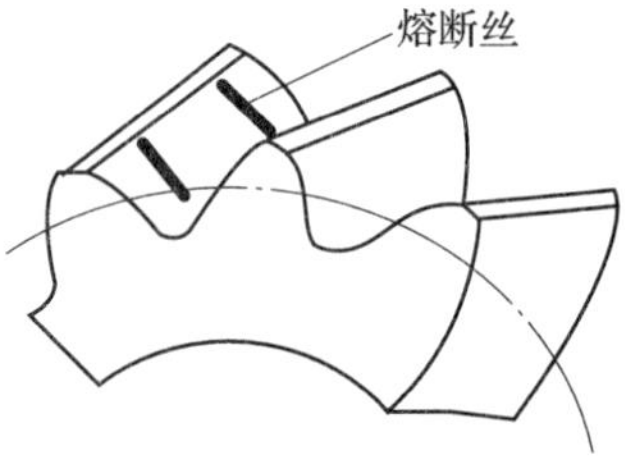	
	塞尺检查法	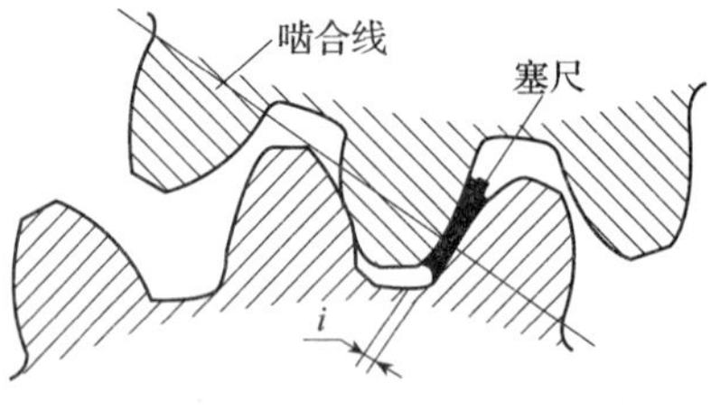	
	千分表法	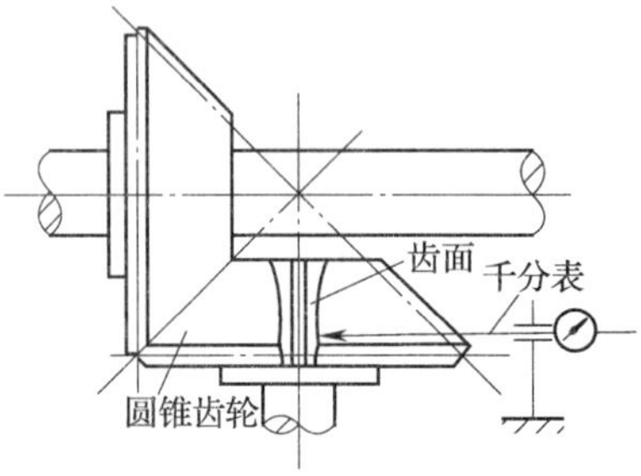	

续表

检查项目	检查方法	示意图	检查要点
齿轮径向和端面跳动测量	量规和千分表检查法	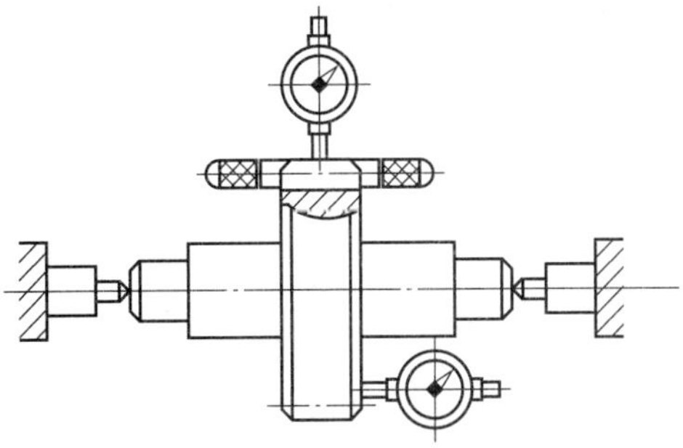	
接触斑点检验	涂色法		

4. 根据下表中的接触斑点，分析齿轮的故障原因及调整方法。

接触斑点	接触类型	原因分析	调整方法
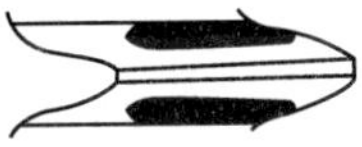	正常接触		
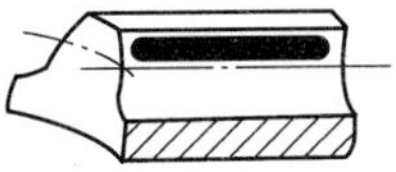	偏齿顶接触		
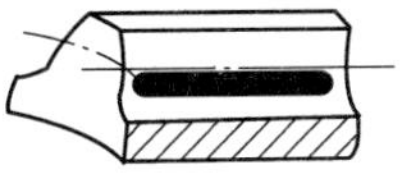	偏齿根接触		
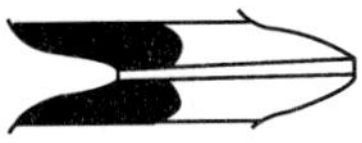	同向偏接触		

续表

接触斑点	接触类型	原因分析	调整方法
	异向偏接触		
	单面偏接触		
	游离接触		

5. 写出齿轮接触精度的检验方法和步骤。

6. 根据验收项目及要求，按照国家标准 GB/T 10095—2008 的精度要求计算公差值，完成检测，并填写相关检验数据。

序号	检验项目	公差值	实测	是否合格
1	齿圈径向圆跳动			
2	单个齿距偏差			
3	一齿切向综合误差			
4	一齿径向综合误差			
5	螺旋线总偏差			

续表

序号	检验项目	公差值	实测	是否合格
6	齿厚偏差			
7	公法线平均长度偏差			
8	接触精度			
9	中心距偏差			

7．根据各项验收结果，给出本次任务验收的结论。

8．验收结束后，按照6S管理要求规整场地，并完成下列表格的填写。

序号	名称	自我评价	做得较好的方面	做得不满意的方面	改进措施
1	整理（SEIRI）				
2	整顿（SEITON）				
3	清扫（SEISO）				
4	清洁（SEIKETSU）				
5	素养（SHITSUKE）				
6	安全（SECURITY）				

评价与分析

学习活动过程评价表

<table>
<tr><td>班级</td><td></td><td>姓名</td><td></td><td>学号</td><td></td><td>日期</td><td>年 月 日</td></tr>
<tr><td>序号</td><td colspan="5">评价要点</td><td>配分</td><td>得分</td><td>总评</td></tr>
<tr><td>1</td><td colspan="5">能正确填写维修验收单</td><td>10</td><td></td><td rowspan="10">A□（86～100）
B□（76～85）
C□（60～75）
D□（60 以下）</td></tr>
<tr><td>2</td><td colspan="5">能说出验收项目的要求</td><td>10</td><td></td></tr>
<tr><td>3</td><td colspan="5">能按照齿轮啮合质量检验要求进行检查</td><td>20</td><td></td></tr>
<tr><td>4</td><td colspan="5">能判断检验项目是否合格，并给出总体验收结论</td><td>10</td><td></td></tr>
<tr><td>5</td><td colspan="5">能根据齿轮接触斑点，分析齿轮的故障原因，并写出调整方法</td><td>20</td><td></td></tr>
<tr><td>6</td><td colspan="5">能按照 6S 管理要求清理场地</td><td>10</td><td></td></tr>
<tr><td>7</td><td colspan="5">能遵守劳动纪律，以积极的态度接受工作任务</td><td>5</td><td></td></tr>
<tr><td>8</td><td colspan="5">能积极参与小组讨论，团队间相互合作</td><td>5</td><td></td></tr>
<tr><td>9</td><td colspan="5">能及时完成老师布置的任务</td><td>10</td><td></td></tr>
<tr><td colspan="6">总分</td><td>100</td><td></td></tr>
<tr><td>小结
建议</td><td colspan="8"></td></tr>
</table>

学习活动 4　工作总结与评价

学习目标

1. 能按分组情况，分别派代表展示工作成果，说明本次任务的完成情况，并作分析总结。

2. 能结合自身任务完成情况，正确规范撰写工作总结（心得体会）。

3. 能就本次任务中出现的问题，提出改进措施。

4. 能对学习与工作进行反思总结，并能与他人开展良好合作，进行有效的沟通。

建议学时：4 学时

学习过程

一、展示评价（个人、小组评价）

每个人先在组里进行经验交流与成果展示，再由小组推荐代表作必要的介绍。在交流的过程中，以组为单位进行评价；评价完成后，根据其他组成员对本组故障维修的评价意见进行归纳总结。完成如下项目：

1. 交流的经验是否符合生产实际?

符合□　　基本符合□　　不符合□

2. 与其他组相比，本小组设计的维修工艺如何?

工艺优化□　　工艺合理□　　工艺一般□

3. 本小组介绍经验时表达是否清晰?

很好□　　一般，常补充□　　不清晰□

4. 本小组演示时，维修操作是否正确？

正确☐　　部分正确☐　　不正确☐

5. 本小组演示操作时遵循了“6S”的工作要求吗？

符合工作要求☐　　忽略了部分要求☐　　完全没有遵循☐

6. 本小组的成员团队创新精神如何？

良好☐　　一般☐　　不足☐

二、自评总结（心得体会）

三、教师评价

1. 找出各组的优点进行点评。

2. 对展示过程中各组的缺点进行点评，提出改进方法。

3. 对整个任务完成中出现的亮点和不足进行点评。

评价与分析

学习任务二总体评价表

班级：________　　姓名：________　　学号：______

<table>
<tr><th rowspan="3">项目</th><th colspan="3">自我评价</th><th colspan="3">小组评价</th><th colspan="3">教师评价</th></tr>
<tr><th>10～9</th><th>8～6</th><th>5～1</th><th>10～9</th><th>8～6</th><th>5～1</th><th>10～9</th><th>8～6</th><th>5～1</th></tr>
<tr><th colspan="3">占总评 10%</th><th colspan="3">占总评 30%</th><th colspan="3">占总评 60%</th></tr>
<tr><td>学习活动 1</td><td></td><td></td><td></td><td></td><td></td><td></td><td></td><td></td><td></td></tr>
<tr><td>学习活动 2</td><td></td><td></td><td></td><td></td><td></td><td></td><td></td><td></td><td></td></tr>
<tr><td>学习活动 3</td><td></td><td></td><td></td><td></td><td></td><td></td><td></td><td></td><td></td></tr>
<tr><td>学习活动 4</td><td></td><td></td><td></td><td></td><td></td><td></td><td></td><td></td><td></td></tr>
<tr><td>协作精神</td><td></td><td></td><td></td><td></td><td></td><td></td><td></td><td></td><td></td></tr>
<tr><td>纪律观念</td><td></td><td></td><td></td><td></td><td></td><td></td><td></td><td></td><td></td></tr>
<tr><td>表达能力</td><td></td><td></td><td></td><td></td><td></td><td></td><td></td><td></td><td></td></tr>
<tr><td>工作态度</td><td></td><td></td><td></td><td></td><td></td><td></td><td></td><td></td><td></td></tr>
<tr><td>安全意识</td><td></td><td></td><td></td><td></td><td></td><td></td><td></td><td></td><td></td></tr>
<tr><td>任务总体表现</td><td></td><td></td><td></td><td></td><td></td><td></td><td></td><td></td><td></td></tr>
<tr><td>小计</td><td colspan="3"></td><td colspan="3"></td><td colspan="3"></td></tr>
<tr><td>总评</td><td colspan="9"></td></tr>
</table>

任课教师：______　　年　　月　　日

学习任务三　凸轮传动机构故障维修

学习目标

1. 能接受维修任务，明确任务要求，写出小组成员、工作地点、维修对象、维修时间，初步了解故障现象，服从工作安排。

2. 能通过耐心细致的有效沟通，记录操作人员反映的信息，通过小组讨论，提取有效信息，充分了解故障现象。

3. 能查阅设备维修档案，摘录并分析设备的维修记录，正确获取设备的工作年限、故障出现频率等有效信息。

4. 能按照工艺文件和维修原则，通过小组讨论写出维修步骤。

5. 能正确选择维修工具、检验量具、辅助工具、维修辅料、标识牌等，并列出工量具清单。

6. 能正确安放标识牌，做好场地安全防护措施，穿戴好劳保防护用品。

7. 能对故障部位零部件进行拆卸，写出需要修复、更换的凸轮，制订合理的修复或更换方案。

8. 能对凸轮进行修复或更换，并对更换的凸轮进行测绘。

9. 能按照企业工作制度请操作人员验收，交付使用，并填写维修记录。

10. 能严格遵守起吊、搬运、用电、消防等安全规程要求。

11. 能清理场地，归置物品，并按照环保规定处置废油液等废弃物。

12. 能写出完成此项任务的工作小结。

建议学时

40 学时

工作情境描述

车间里有一台 CA6140 型车床，由于凸轮机构出现故障而不能正常换速，需要机修人员对其进行故障检测和维修，以恢复车床的功能。由于生产任务时间紧，车间把维修任务交给了我们小组，要求在最短的时间内对凸轮传动机构进行维修，以恢复车床的加工功能。

工作流程与活动

维修人员在接受维修任务后，到现场与操作人员沟通，勘察故障现象，查阅机床维修手册，进行故障诊断，明确故障点；故障确认后制订维修方案，做好维修前的准备工作；在维修过程中，通过对凸轮的修复或更换来完成故障排除。如果需要更换凸轮，还需测绘出凸轮的零件图；故障排除后请操作人员验收，合格后交付使用，并填写维修记录；最后，撰写工作小结，采用不同形式进行经验交流。在工作过程中严格遵守起吊、搬运、用电、消防等安全规程要求，按照现场管理规范清理场地、归置物品，并按照环保规定处置废油液等废弃物。

学习活动 1　接受工作任务、制订维修计划（8 学时）

学习活动 2　凸轮传动机构故障维修（24 学时）

学习活动 3　任务验收、交付使用（4 学时）

学习活动 4　工作总结与评价（4 学时）

设备结构图

学习活动1 接受工作任务、制订维修计划

学习目标

1. 能识读生产派工单，接受凸轮传动机构故障维修工作任务，明确任务要求。

2. 能查阅资料，了解凸轮传动机构的相关知识。

3. 查阅相关技术资料，获取凸轮传动机构检验的技术要求。

4. 能正确选择维修工具、检验量具、辅助工具，并列出工、量具清单。

5. 能制订凸轮传动机构故障维修的工作计划。

建议学时：8 学时

学习过程

1. 仔细阅读下面的生产派工单，按照生产派工单提供的基本信息，查阅相关资料，明确工作任务的内容和要求。随着学习活动的展开，逐项填写生产派工单中的空白项目内容，完成学习任务。

生 产 派 工 单

单号：＿＿＿＿＿＿＿＿ 开单部门：＿＿＿＿＿＿＿＿ 开单人：＿＿＿＿＿＿＿＿

开单时间：＿＿年＿＿月＿＿日＿＿时＿＿分 接单人：＿＿＿部＿＿＿小组＿＿＿＿＿＿（签名）

续表

<table>
<tr><td colspan="5">以下由开单人填写</td></tr>
<tr><td>工作任务</td><td colspan="2">凸轮传动机构故障维修</td><td>完成工时</td><td>40 工时</td></tr>
<tr><td>工作任务要求</td><td colspan="4">完成凸轮传动机构故障维修，使车床能够正常换速，运转灵活</td></tr>
<tr><td colspan="5">以下由接单人和确认方填写</td></tr>
<tr><td>领取材料
（含消耗品）</td><td colspan="2"></td><td rowspan="2">成本核算</td><td rowspan="2">金额合计：
仓管员（签名）
年 月 日</td></tr>
<tr><td>领用工具</td><td colspan="2"></td></tr>
<tr><td>操作者
检测</td><td colspan="2"></td><td colspan="2">（签名）
年 月 日</td></tr>
<tr><td>班组
检测</td><td colspan="2"></td><td colspan="2">（签名）
年 月 日</td></tr>
<tr><td>质检员
检测</td><td colspan="2"></td><td colspan="2">（签名）
年 月 日</td></tr>
<tr><td rowspan="4">生产数量
统计</td><td>合格</td><td colspan="3"></td></tr>
<tr><td>不良</td><td colspan="3"></td></tr>
<tr><td>返修</td><td colspan="3"></td></tr>
<tr><td>报废</td><td colspan="3"></td></tr>
</table>

统计：　　　　审核：　　　　批准：

2. 简述凸轮传动机构的作用及应用场合。

3. 查阅相关资料，按照下列分类方式，写出不同类型凸轮机构的特点。

分类		图例	特点
按凸轮的形状分类	盘形凸轮		
	移动凸轮		
	圆柱凸轮		
按从动件结构形式分类	尖顶从动件		
	滚子从动件		
	平底从动件		

4. 下图所示是自动车床的进刀机构，写出各部件的名称以及该机构中凸轮的工作过程，从而了解凸轮机构的工作原理。

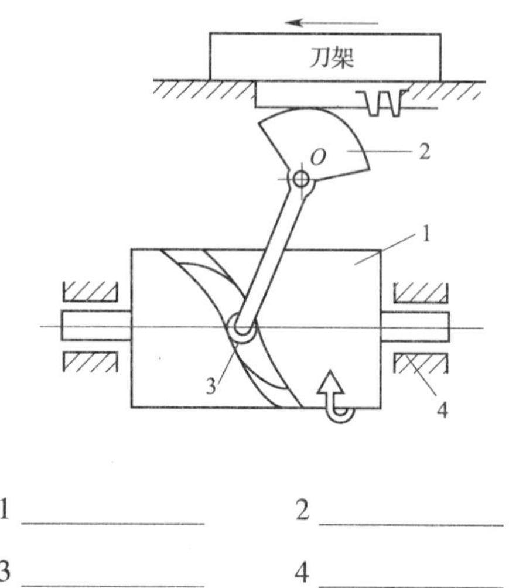

工作过程：

1 ______________ 2 ______________

3 ______________ 4 ______________

5. 下图所示是CA6140型卧式车床主轴箱操纵机构简图，写出各部分的名称。

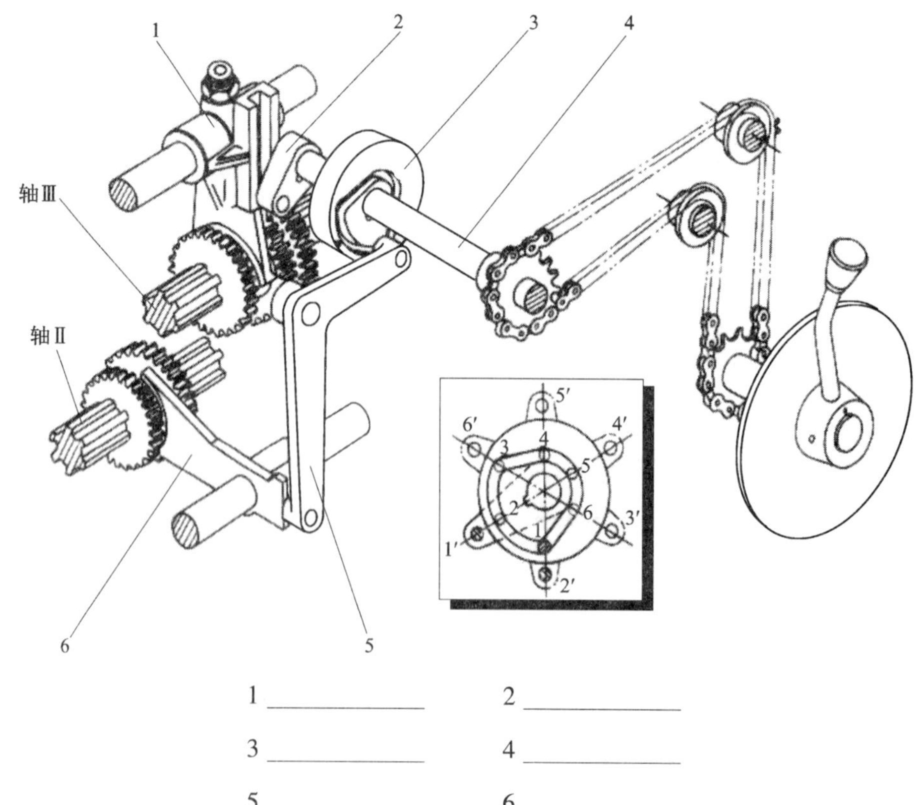

1 ______________ 2 ______________

3 ______________ 4 ______________

5 ______________ 6 ______________

6. 写出 CA6140 型卧式车床主轴箱操纵机构的变速工作原理，并说明其中凸轮机构的作用。

7. 根据任务要求，对现有小组成员进行合理分工，并填写分工表。

序号	组员姓名	组员分工	备注

8. 列出凸轮传动机构故障维修所需的工具、量具、检具清单。

序号	名称	图示	主要功用	精度	备注
1	手锤		主要用于敲击工件，使工件变形、位移、振动，也用于工具的校正、整形		
2	铜棒		主要用于敲击不允许直接接触的工件表面		

续表

序号	名称	图示	主要功用	精度	备注

9. 查阅资料，小组讨论并制订凸轮传动机构故障维修任务的工作计划。

序号	工作内容	完成时间	工作要求	备注
1	接受生产派工单		认真识读生产派工单，了解工作任务的具体要求	
2	查询相关资料		查阅车床主轴箱操纵机构的有关知识，了解凸轮传动机构故障	

评价与分析

学习活动过程评价表

班级		姓名		学号		日期	年　月　日
序号	评价要点				配分	得分	总评
1	能正确识读并填写生产派工单，明确任务要求				10		A□（86～100） B□（76～85） C□（60～75） D□（60 以下）
2	能写出凸轮传动机构的作用及应用场合				5		
3	能写出凸轮机构的类型及特点				5		
4	能分析凸轮机构的工作过程和工作原理				10		
5	能理解 CA6140 型车床主轴箱操作机构的工作原理				5		
6	能查阅资料，熟悉车床主轴箱的结构				5		
7	能根据工作要求，对小组成员进行合理分工				10		
8	能列出凸轮传动机构故障维修所需的工具、量具、检具清单				10		
9	能制订凸轮传动机构故障维修的工作计划				10		
10	能遵守劳动纪律，以积极的态度接受工作任务				10		
11	能积极参与小组讨论，团队间相互合作				10		
12	能及时完成老师布置的任务				10		
总分					100		
小结 建议							

学习活动2　凸轮传动机构故障维修

学习目标

1. 能查阅机床维修档案，摘录并分析维修记录，获取有效信息。

2. 能掌握凸轮故障的相关知识。

3. 能对凸轮传动机构故障进行诊断，画出诊断流程图，找到故障点。

4. 能按照工艺文件和维修原则，通过小组讨论写出维修步骤。

5. 能对故障部位零部件和元器件进行修复或更换。

6. 能对凸轮进行测绘，从而得出凸轮的几何参数，为更换凸轮提供依据。

建议学时：24 学时

学习过程

1. 故障是指整机或零部件在规定的时间和使用条件下不能完成规定的功能，或各项技术经济指标偏离了它的正常情况，但在某种情况下尚能维持一段时间工作。若故障不能得到妥善处理将最终导致事故。查阅 CA6140 型车床维修档案，摘录机床维修记录，并进行分析。

2. 查阅资料，罗列凸轮传动机构常见故障现象，并写出故障原因及修复方法。

故障现象	故障原因	修复方法
凸轮磨损		
凸轮疲劳点蚀		
滚子磨损		
滚子卡死		
凸轮轴孔磨损		
凸轮划伤		

3. 带照相机到实习工厂，拍摄凸轮传动机构故障的相关照片，并分析故障类型。

照片	故障类型
（贴照片处）	
（贴照片处）	
（贴照片处）	
（贴照片处）	

4. 结合实际，分析凸轮传动机构进行故障诊断所需的过程，画出诊断流程图。

5. 凸轮损坏后，若不能修复，需要更换受损的凸轮，这时需要测绘出凸轮的零件图。查阅相关资料，回答下列问题。

（1）写出用分度法测绘凸轮的主要步骤。

（2）结合下图，测绘 CA6140 型卧式车床主轴箱操纵机构中凸轮盘的零件图，并标出各项精度要求。

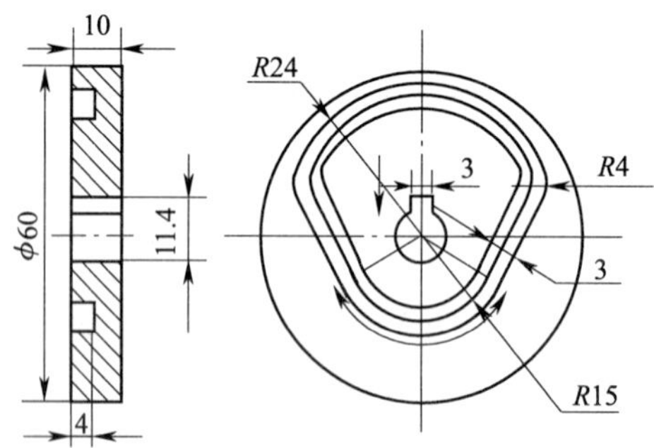

6．写出凸轮传动机构的拆卸顺序。

7．分析凸轮磨损修复方法的适用场合和工艺过程。

修复方法	示意图	适用场合	工艺过程
堆焊修复法			
热喷涂修复法			
电刷镀修复法			
激光熔覆法			

8．写出凸轮机构的装配要求及装配过程。

9. 确定本任务的凸轮传动机构故障维修步骤，拍摄步骤图片，并记录操作要点和注意事项。

步骤	维修内容	示例	操作要点	注意事项	工量刃具
1	拆卸凸轮机构				
2	清洗凸轮盘				
3	确定凸轮槽磨损量				
4	堆焊修复				
5	修磨				

评价与分析

学习活动过程评价表

<table>
<tr><th>班级</th><th colspan="2"></th><th>姓名</th><th></th><th>学号</th><th></th><th>日期</th><th>年　月　日</th></tr>
<tr><th>序号</th><th colspan="5">评价要点</th><th>配分</th><th>得分</th><th>总评</th></tr>
<tr><td>1</td><td colspan="5">能分析凸轮传动机构故障维修档案，获取有效信息</td><td>10</td><td></td><td rowspan="12">A□（86～100）
B□（76～85）
C□（60～75）
D□（60 以下）</td></tr>
<tr><td>2</td><td colspan="5">能指出凸轮传动机构的故障类型</td><td>10</td><td></td></tr>
<tr><td>3</td><td colspan="5">能分析凸轮传动机构故障产生的原因</td><td>10</td><td></td></tr>
<tr><td>4</td><td colspan="5">能进行故障诊断，画出诊断流程图</td><td>10</td><td></td></tr>
<tr><td>5</td><td colspan="5">能编制凸轮传动机构故障维修工艺流程</td><td>10</td><td></td></tr>
<tr><td>6</td><td colspan="5">能写出凸轮传动机构的拆卸顺序及修复工艺</td><td>10</td><td></td></tr>
<tr><td>7</td><td colspan="5">能对受损凸轮进行测绘，得出凸轮的几何参数</td><td>10</td><td></td></tr>
<tr><td>8</td><td colspan="5">能完成凸轮传动机构故障的维修</td><td>15</td><td></td></tr>
<tr><td>9</td><td colspan="5">能遵守劳动纪律，以积极的态度接受工作任务</td><td>5</td><td></td></tr>
<tr><td>10</td><td colspan="5">能积极参与小组讨论，团队间相互合作</td><td>5</td><td></td></tr>
<tr><td>11</td><td colspan="5">能及时完成老师布置的任务</td><td>5</td><td></td></tr>
<tr><td colspan="6">总分</td><td>100</td><td></td></tr>
<tr><td>小结
建议</td><td colspan="8"></td></tr>
</table>

学习活动3 任务验收、交付使用

学习目标

1. 能正确填写维修验收单，明确验收要求。
2. 能按照企业工作制度请操作人员验收。
3. 能根据检验数据，验收维修质量，并交付使用。

建议学时：4学时

学习过程

1. 根据任务要求，熟悉维修验收单格式，并完成验收单的填写。

维修验收单			
维修项目	凸轮传动机构故障维修		
维修单位			
维修时间节点			
验收日期			
验收项目及验收结果	1. 凸轮精度检测 2. 运动灵活性检查 3. 换挡位置准确性检查 4. 试车综合检查		
验收人			

2．完成凸轮修复精度检测，并填写相关检验数据。

序号	检验项目	实测	是否合格
1	凸轮槽侧面尺寸		
2	凸轮槽侧面表面粗糙度		
3	凸轮槽底面尺寸		
4	凸轮槽底面表面粗糙度		
5	凸轮右侧端面与凸轮轴孔的垂直度		

3．根据验收项目及要求，完成检测，并填写相关检验结果。

序号	检验项目	检验情况	是否合格
1	运动灵活性检查		
2	换挡位置准确性检查		
3	试车综合检查		

4．根据各项验收结果，给出本次任务验收的结论。

5. 验收结束后，按照 6S 管理要求规整场地，并完成下列表格的填写。

序号	名称	自我评价	做得较好的方面	做得不满意的方面	改进措施
1	整理（SEIRI）				
2	整顿（SEITON）				
3	清扫（SEISO）				
4	清洁（SEIKETSU）				
5	素养（SHITSUKE）				
6	安全（SECURITY）				

评价与分析

学习活动过程评价表

班级		姓名		学号		日期	年 月 日
序号	评价要点				配分	得分	总评
1	能正确填写维修验收单				10		A□（86～100） B□（76～85） C□（60～75） D□（60 以下）
2	能说出验收项目的要求				10		
3	能根据验收项目进行检验，并记录相关数据				20		
4	能判断检验项目是否合格，并给出总体验收结论				20		
5	能按照 6S 管理要求清理场地				10		
6	能遵守劳动纪律，以积极的态度接受工作任务				10		
7	能积极参与小组讨论，团队间相互合作				10		
8	能及时完成老师布置的任务				10		
总分					100		
小结建议							

学习活动4　工作总结与评价

学习目标

1. 能按分组情况，分别派代表展示工作成果，说明本次任务的完成情况，并作分析总结。

2. 能结合自身任务完成情况，正确规范撰写工作总结（心得体会）。

3. 能就本次任务中出现的问题，提出改进措施。

4. 能对学习与工作进行反思总结，并能与他人开展良好合作，进行有效的沟通。

建议学时：4学时

学习过程

一、展示评价（个人、小组评价）

每个人先在组里进行经验交流与成果展示，再由小组推荐代表作必要的介绍。在交流的过程中，以组为单位进行评价；评价完成后，根据其他组成员对本组故障维修的评价意见进行归纳总结。完成如下项目：

1. 交流的经验是否符合生产实际？

符合□　　基本符合□　　不符合□

2. 与其他组相比，本小组设计的维修工艺如何？

工艺优化□　　工艺合理□　　工艺一般□

3. 本小组介绍经验时表达是否清晰？

很好□　　一般，常补充□　　不清晰□

4. 本小组演示时，维修操作是否正确?

正确□　　　　部分正确□　　　　不正确□

5. 本小组演示操作时遵循了“6S”的工作要求吗?

符合工作要求□　　　　忽略了部分要求□　　　　完全没有遵循□

6. 本小组的成员团队创新精神如何?

良好□　　　　一般□　　　　不足□

二、自评总结（心得体会）

三、教师评价

1. 找出各组的优点进行点评。

2. 对展示过程中各组的缺点进行点评，提出改进方法。

3. 对整个任务完成中出现的亮点和不足进行点评。

评价与分析

学习任务三总体评价表

班级：__________　　　　姓名 ：__________　　　　学号：________

项目	自我评价			小组评价			教师评价		
	10 ~ 9	8 ~ 6	5 ~ 1	10 ~ 9	8 ~ 6	5 ~ 1	10 ~ 9	8 ~ 6	5 ~ 1
	占总评 10%			占总评 30%			占总评 60%		
学习活动 1									
学习活动 2									
学习活动 3									
学习活动 4									
协作精神									
纪律观念									
表达能力									
工作态度									
安全意识									
任务总体表现									
小计									
总评									

任课教师：________　　年　　月　　日

学习任务四　皮带和链传动机构故障维修

学习目标

1. 能接受维修任务，明确任务要求，写出小组成员、工作地点、维修对象、维修时间，初步了解故障现象，服从工作安排。

2. 能通过耐心细致的有效沟通，记录操作人员反映的信息，通过小组讨论，提取有效信息，充分了解故障现象。

3. 能查阅设备维修档案，摘录并分析设备的维修记录，正确获取设备的工作年限、故障出现频率等有效信息。

4. 能按照工艺文件和维修原则，通过小组讨论写出维修步骤。

5. 能正确选择维修工具、检验量具、辅助工具、维修辅料、标识牌等，并列出工量具清单。

6. 能正确安放标识牌，做好场地安全防护措施，穿戴好劳保防护用品。

7. 能对皮带和链传动故障部位零部件进行拆卸，写出需要修复、更换的零件，制订合理的修复或更换方案。

8. 能按照企业工作制度请操作人员验收，交付使用，并填写维修记录。

9. 能严格遵守起吊、搬运、用电、消防等安全规程要求。

10. 能清理场地，归置物品，并按照环保规定处置废油液等废弃物。

11. 能写出完成此项任务的工作小结。

建议学时

40 学时

工作情境描述

在机械传动机构中，皮带和链传动也是经常采用的传动方式，由于摩擦磨损或突然超载，会造成带传动或链传动机构出现故障。维修人员应能够根据带传动和链传动的特点进行故障诊断，明确故障点，并通过对传动带或传动链的修复、更换，恢复设备的功能。

工作流程与活动

维修人员在接受维修任务后，到现场与操作人员沟通，勘察故障现象，查阅机床皮带和链传动维修档案，进行皮带和链传动故障诊断，明确故障点；故障确认后制定维修步骤，做好维修前的准备工作；在维修过程中，通过对皮带和链传动的更新修复，来完成故障排除；故障排除后请操作人员验收，合格后交付使用，并填写维修记录；最后，撰写工作小结，采用不同形式进行经验交流。在工作过程中严格遵守起吊、搬运、用电、消防等安全规程要求，按照现场管理规范清理场地，归置物品，并按照环保规定处置废油液等废弃物。

学习活动 1　接受工作任务、制订维修计划（8 学时）

学习活动 2　皮带和链传动机构故障维修（24 学时）

学习活动 3　任务验收、交付使用（4 学时）

学习活动 4　工作总结与评价（4 学时）

设备结构图

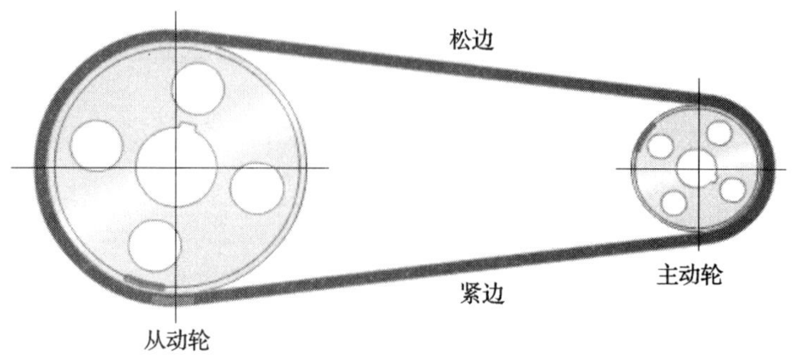

带传动示意图

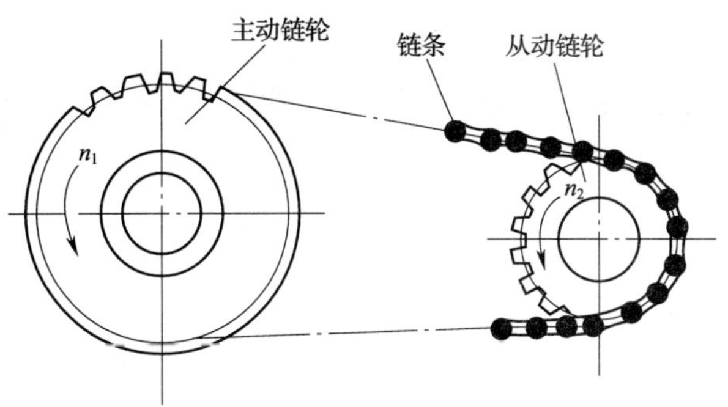

链传动示意图

学习活动1 接受工作任务、制订维修计划

学习目标

1. 能识读生产派工单，接受皮带和链传动机构故障维修工作任务，明确任务要求。

2. 能查阅资料，了解皮带和链传动机构的相关知识。

3. 查阅相关技术资料，获取皮带和链传动机构精度检验的技术要求。

4. 能正确选择维修工具、检验量具、辅助工具，并列出工、量具清单。

5. 能制订皮带和链传动机构故障维修的工作计划。

建议学时：8 学时

学习过程

1. 仔细阅读下面的生产派工单，按照生产派工单提供的基本信息，查阅相关资料，明确工作任务的内容和要求。随着学习活动的展开，逐项填写生产派工单中的空白项目内容，完成学习任务。

生 产 派 工 单

单号：__________ 开单部门：__________ 开单人：__________

开单时间：____年____月____日____时____分 接单人：______部______小组__________（签名）

续表

<table>
<tr><td colspan="5">以下由开单人填写</td></tr>
<tr><td>工作任务</td><td colspan="2">皮带和链传动机构故障维修</td><td>完成工时</td><td>40 工时</td></tr>
<tr><td>工作任务要求</td><td colspan="4">完成皮带和链传动机构的更新、修复，达到其精度要求，参照最新皮带和链条设计制造工艺与技术标准实用手册</td></tr>
<tr><td colspan="5">以下由接单人和确认方填写</td></tr>
<tr><td>领取材料（含消耗品）</td><td colspan="2"></td><td rowspan="2">成本核算</td><td rowspan="2">金额合计：
仓管员（签名）
年　月　日</td></tr>
<tr><td>领用工具</td><td colspan="2"></td></tr>
<tr><td>操作者检测</td><td colspan="2"></td><td colspan="2">（签名）
年　月　日</td></tr>
<tr><td>班组检测</td><td colspan="2"></td><td colspan="2">（签名）
年　月　日</td></tr>
<tr><td>质检员检测</td><td colspan="2"></td><td colspan="2">（签名）
年　月　日</td></tr>
<tr><td rowspan="4">生产数量统计</td><td>合格</td><td colspan="3"></td></tr>
<tr><td>不良</td><td colspan="3"></td></tr>
<tr><td>返修</td><td colspan="3"></td></tr>
<tr><td>报废</td><td colspan="3"></td></tr>
</table>

统计：　　　　　　　　审核：　　　　　　　　批准：

2. 查阅资料，写出带传动的优缺点及适用场合。

优点	缺点	适用场合

3. 查阅资料，写出摩擦带传动和啮合带传动的工作原理和主要区别。

带传动方式	示意图	工作原理	主要区别
摩擦带传动			
啮合带传动			

4. 查阅资料，填写传动带的类型、特点及应用。

类型	示意图	简图	特点及应用
平带			
V 带			
多楔带			
圆形带			
齿形带			

5．对照下图所示 V 带的横截面结构，写出各部件的名称。

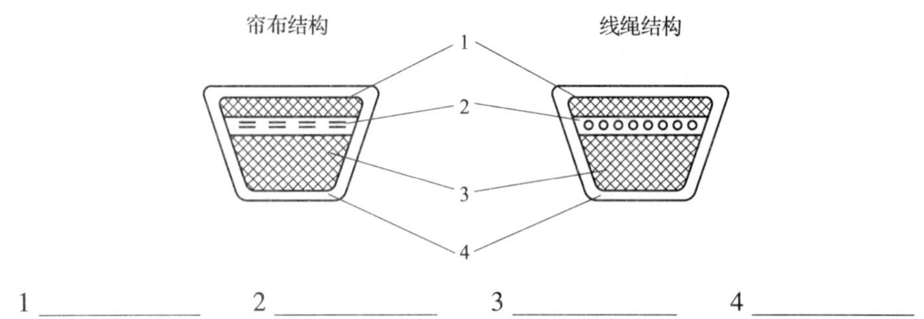

1 ____________ 2 ____________ 3 ____________ 4 ____________

6．写出下表中 V 带轮的常用结构形式。

实物图	零件图	结构形式
	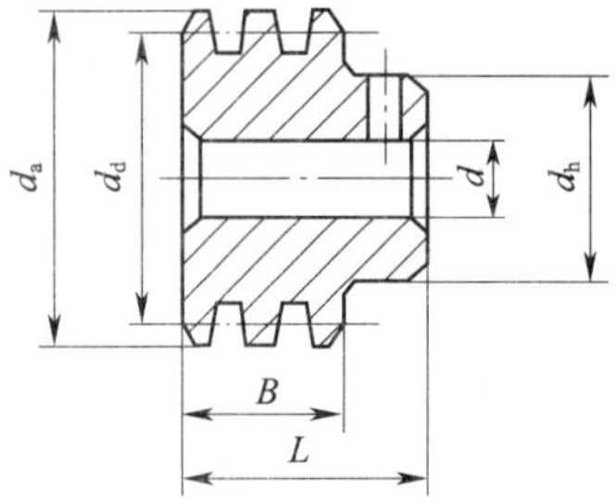	
	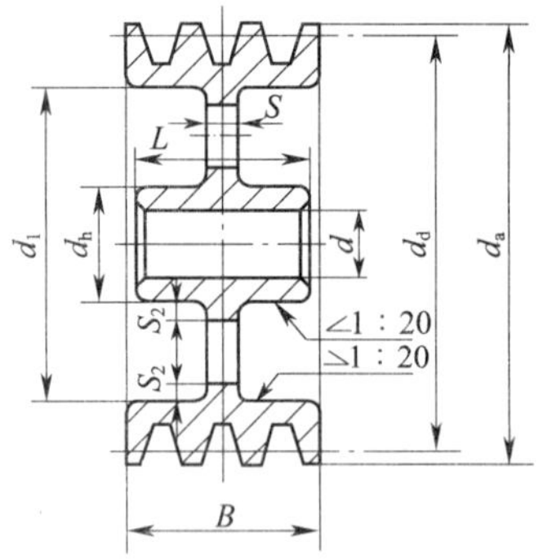	
	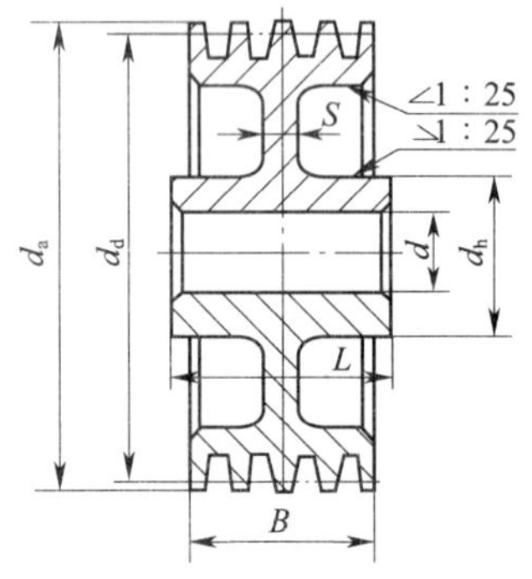	

续表

实物图	零件图	结构形式
	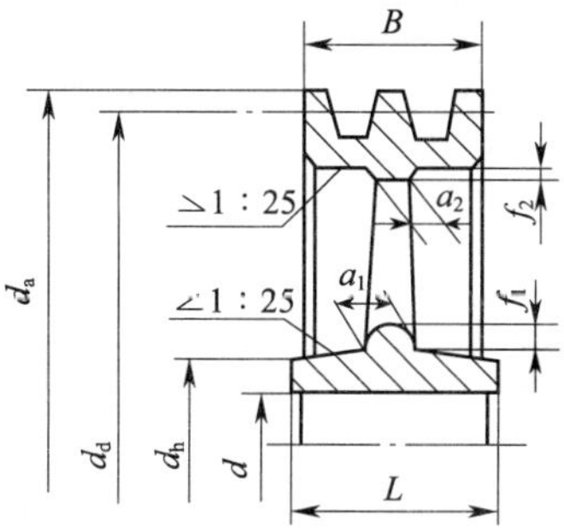	

7．写出带传动应满足的传动要求及检验方法。

8．查阅资料，写出链传动的优缺点及适用场合。

优点	缺点	适用场合

9. 对照下图，写出滚子链各组成部件的名称。

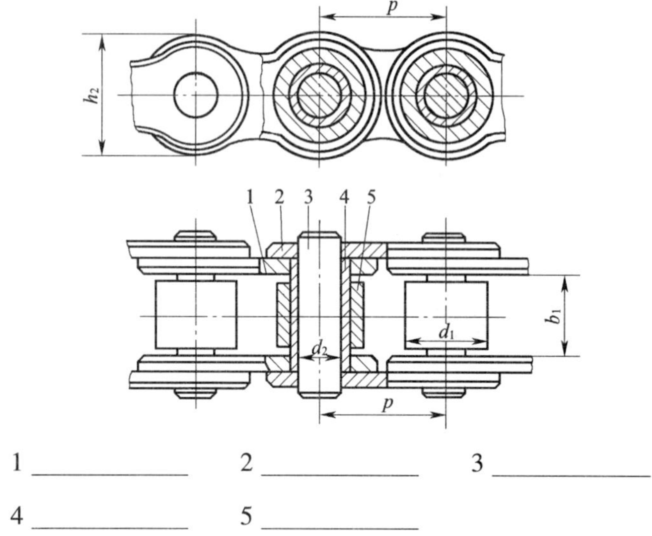

1 ______________ 2 ______________ 3 ______________

4 ______________ 5 ______________

10. 对照下图，写出滚子链接头的形式。

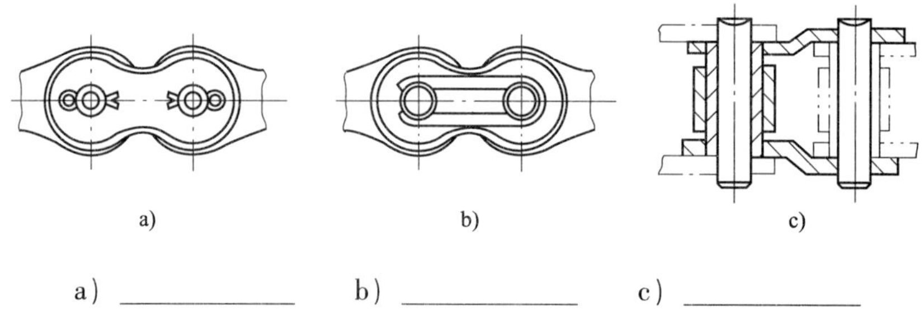

a) ______________ b) ______________ c) ______________

11. 对照下图，写出齿形链各部分的名称。

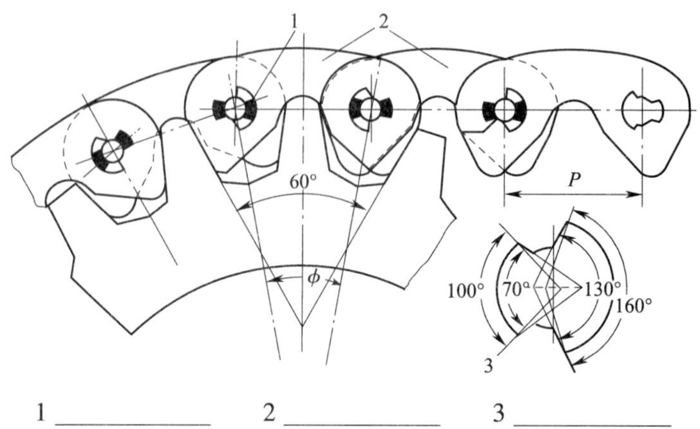

1 ______________ 2 ______________ 3 ______________

12. 对照下图，写出链轮的结构形式。

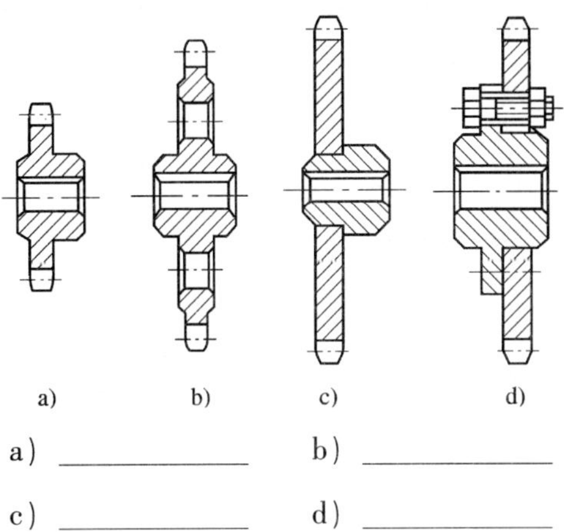

a）＿＿＿＿＿＿　b）＿＿＿＿＿＿

c）＿＿＿＿＿＿　d）＿＿＿＿＿＿

13. 写出链传动应满足的传动要求及检验方法。

14. 根据任务要求，对现有小组成员进行合理分工，并填写分工表。

序号	组员姓名	组员分工	备注

15．列出机床皮带和链传动机构故障维修所需的工具、量具、检具清单。

序号	名称	图示	主要功用	精度	备注
1	螺旋压入工具	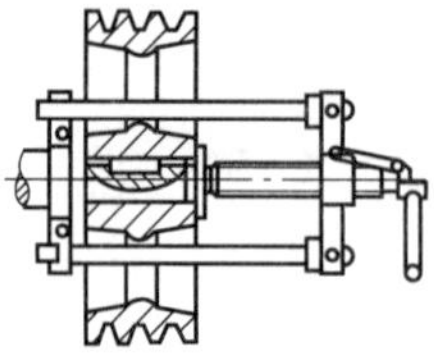	用来拆卸皮带轮、链轮		
2	拉紧器	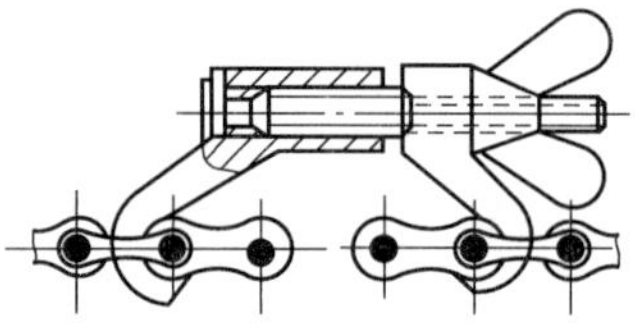	用来拉紧链条		

16. 查阅资料，小组讨论并制订皮带和链传动机构故障维修任务的工作计划。

序号	工作内容	完成时间	工作要求	备注
1	接受生产派工单		认真识读生产派工单，了解工作任务的具体要求	
2	查询相关资料		查阅皮带和链传动机构的有关知识，了解皮带和链传动机构故障	

评价与分析

学习活动过程评价表

<table>
<tr><td>班级</td><td></td><td>姓名</td><td></td><td>学号</td><td></td><td>日期</td><td>年 月 日</td></tr>
<tr><td>序号</td><td colspan="5">评价要点</td><td>配分</td><td>得分</td><td>总评</td></tr>
<tr><td>1</td><td colspan="5">能正确识读并填写生产派工单，明确任务要求</td><td>5</td><td></td><td rowspan="11">A□（86～100）
B□（76～85）
C□（60～75）
D□（60 以下）</td></tr>
<tr><td>2</td><td colspan="5">能了解皮带和链传动的类型、结构、优缺点及适用场合等知识</td><td>30</td><td></td></tr>
<tr><td>3</td><td colspan="5">能参照国家标准，明确皮带和链传动机构的精度要求</td><td>10</td><td></td></tr>
<tr><td>4</td><td colspan="5">能写出皮带和链传动机构精度检验的方法和技术标准</td><td>10</td><td></td></tr>
<tr><td>5</td><td colspan="5">能根据工作要求，对小组成员进行合理分工</td><td>10</td><td></td></tr>
<tr><td>6</td><td colspan="5">能列出皮带和链传动机构故障维修所需的工具、量具、检具清单</td><td>10</td><td></td></tr>
<tr><td>7</td><td colspan="5">能制订皮带和链传动机构故障维修的工作计划</td><td>10</td><td></td></tr>
<tr><td>8</td><td colspan="5">能遵守劳动纪律，以积极的态度接受工作任务</td><td>5</td><td></td></tr>
<tr><td>9</td><td colspan="5">能积极参与小组讨论，团队间相互合作</td><td>5</td><td></td></tr>
<tr><td>10</td><td colspan="5">能及时完成老师布置的任务</td><td>5</td><td></td></tr>
<tr><td colspan="6">总分</td><td>100</td><td></td></tr>
<tr><td>小结
建议</td><td colspan="8"></td></tr>
</table>

学习活动 2　皮带和链传动机构故障维修

学习目标

1. 能查阅机床维修档案，摘录并分析维修记录，获取有效信息。

2. 能掌握皮带和链传动失效的相关知识。

3. 能对皮带和链传动故障进行诊断，画出诊断流程图，找到故障点。

4. 能按照工艺文件和维修原则，通过小组讨论写出维修步骤。

5. 能对故障部位零部件和元器件进行修复或更换。

建议学时：24 学时

学习过程

1. 查阅机床维修档案，摘录机床维修记录，对其中涉及皮带和链传动机构的维修记录进行分析。

2. 查阅资料，罗列带传动常见故障现象，并写出故障原因及修复方法。

故障现象	故障原因	修复方法
皮带打滑		
轴颈弯曲		
带轮孔与轴配合松动		
带轮槽磨损		
V 带拉长		
带轮崩碎		

3. 查阅资料，罗列链传动常见故障现象，并写出故障原因及修复方法。

故障现象	故障原因	修复方法
链条拉长		
传动链磨损		
链轮磨损		
链轮轮齿个别折断		
链节断裂		

4. 查阅资料，写出带传动机构的装配技术要求，并说明带与带轮的装配要点。

（1）写出带传动机构的装配技术要求。

（2）写出带传动机构的装配要点。

装配类型	装配要点
带轮装配	
V 带的安装	

5. 对照下图，写出带轮与轴的 4 种连接固定方式。

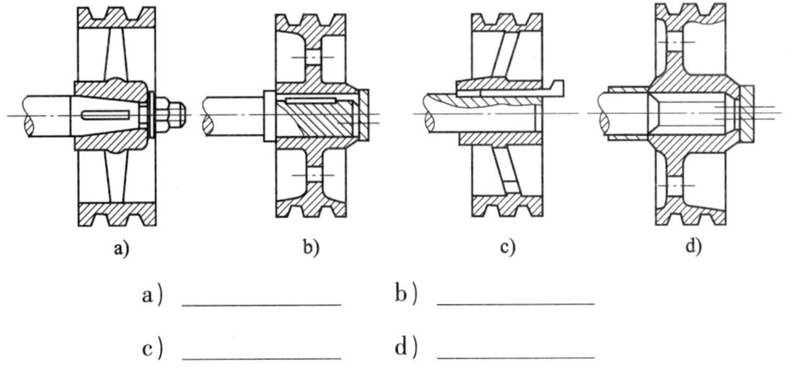

a) b) c) d)

a）________ b）________

c）________ d）________

6. 判断下图两带轮的相对位置是否正确，为什么?

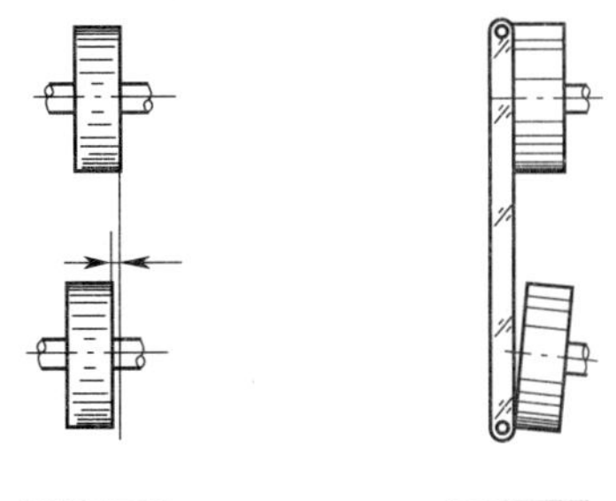

________ ________

7. 判断下图中 V 带在轮槽中的位置是否正确，为什么？

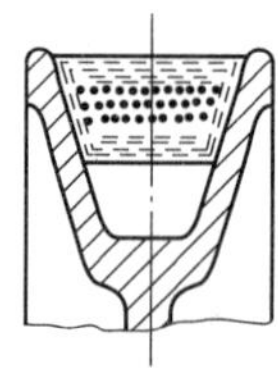
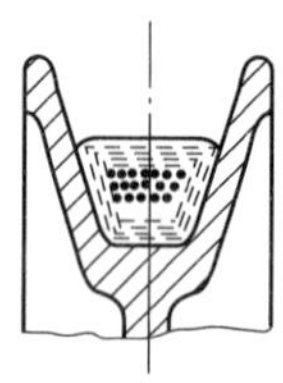
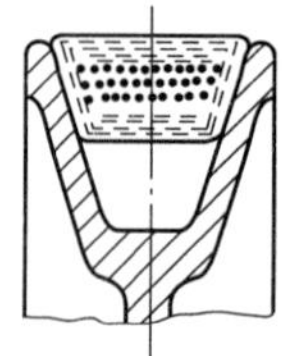

8. 对照下图，写出带传动张紧力的检查方法。

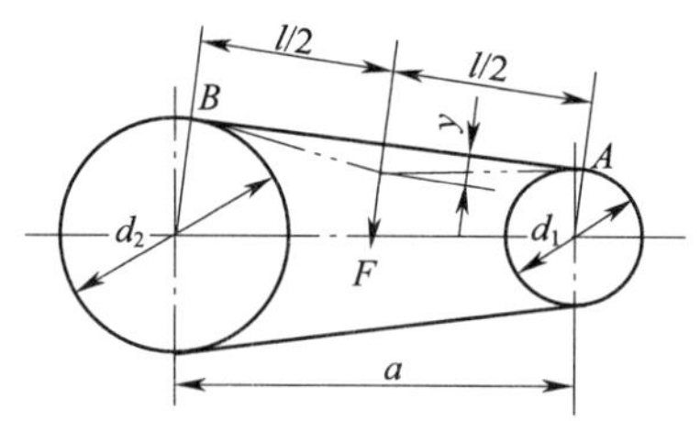

9. 分析带传动打滑和弹性打滑的区别。

项目	弹性打滑	打滑
故障现象		
产生原因		
性质		
后果		

10．查阅资料，写出带传动张紧方法的特点及应用范围。

张紧方法		简图	特点及应用范围
调整中心距	定期张紧	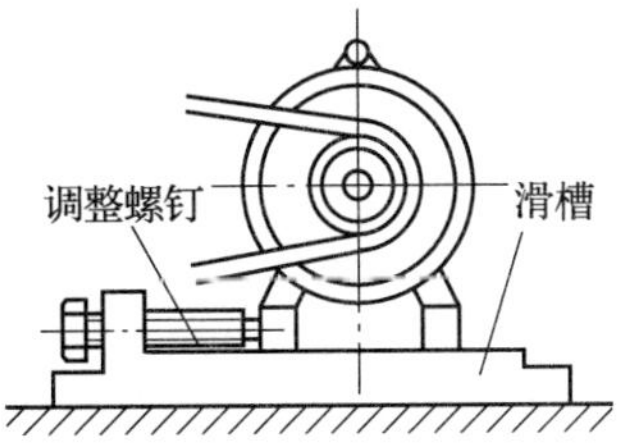 调整螺钉　滑槽	
		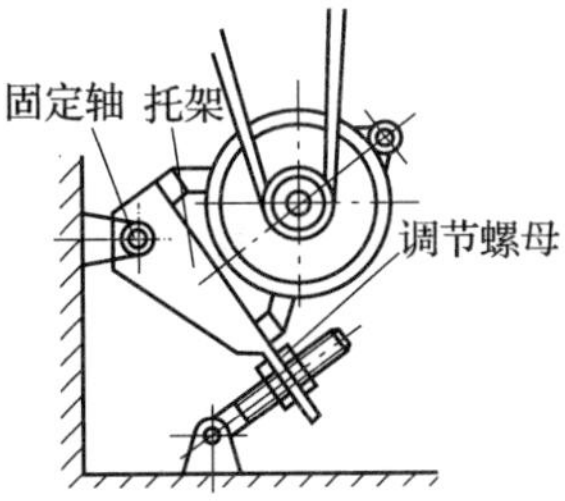 固定轴　托架　调节螺母	
	自动张紧	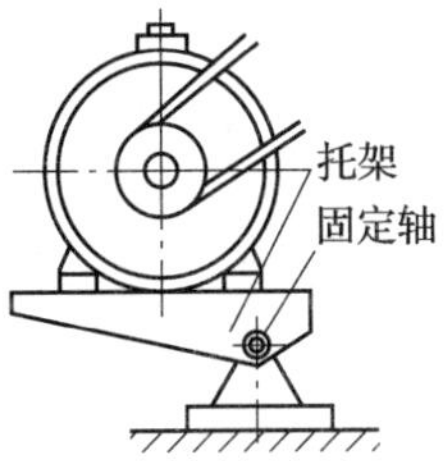 托架　固定轴	
张紧轮	定期张紧	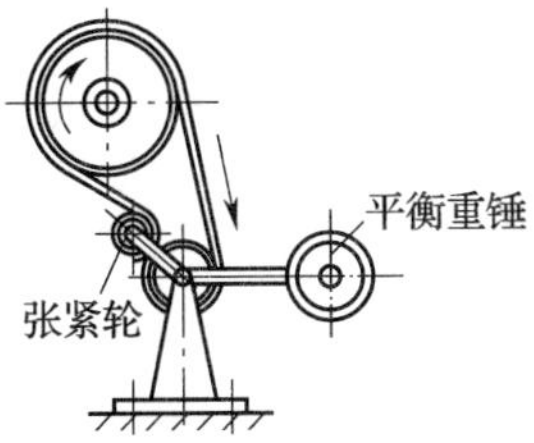 平衡重锤　张紧轮	
		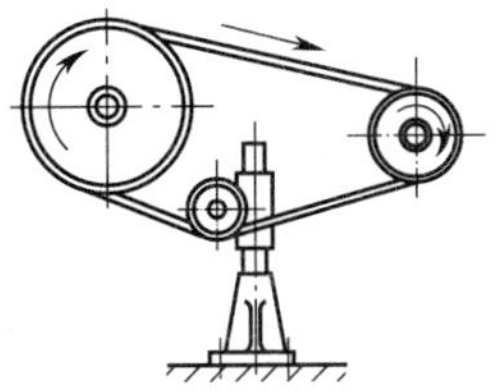	

11. 查阅资料，写出链传动机构的装配技术要求。

12. 下图中链轮采用了何种固定方法?

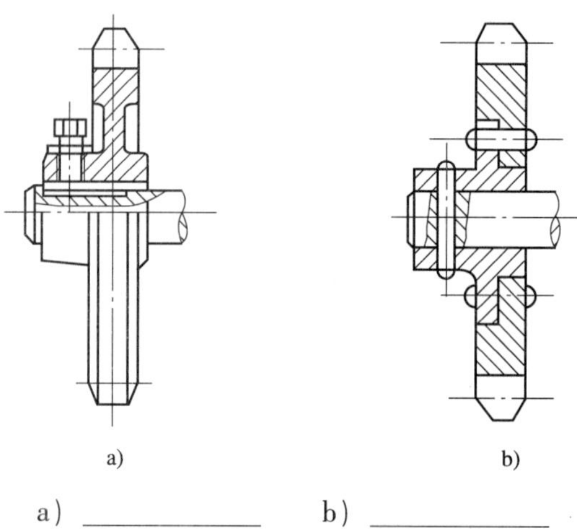

a) ______________ b) ______________

13. 写出下图中链条拉紧工具的名称。

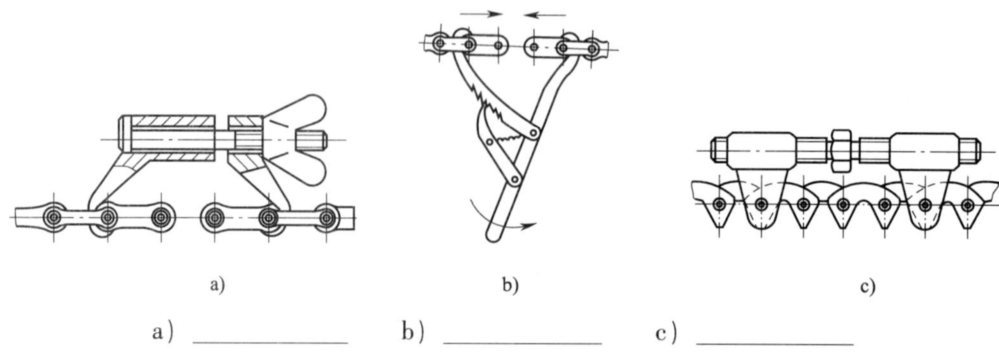

a) ______________ b) ______________ c) ______________

14. 写出链传动的张紧方法和润滑方式。

15. 确定本任务的皮带和链传动机构故障维修步骤，拍摄步骤图片，并记录操作要点和注意事项。

步骤	维修内容	示例	操作要点	注意事项	工量刃具
1	皮带或传动链拆卸				
2	皮带轮或链轮拆卸				
3	找正				
4	安装皮带或传动链				
5	调整皮带或传动链张紧度				
6	跳动量的检查				
7	其他项目检查				

评价与分析

学习活动过程评价表

<table>
<tr><td>班级</td><td></td><td>姓名</td><td></td><td>学号</td><td></td><td>日期</td><td>年 月 日</td></tr>
<tr><td>序号</td><td colspan="5">评价要点</td><td>配分</td><td>得分</td><td>总评</td></tr>
<tr><td>1</td><td colspan="5">能分析皮带和链传动机构故障维修档案，获取有效信息</td><td>10</td><td></td><td rowspan="10">A□（86～100）
B□（76～85）
C□（60～75）
D□（60 以下）</td></tr>
<tr><td>2</td><td colspan="5">能罗列机床皮带和链传动常见故障现象，写出故障原因及修复方法</td><td>20</td><td></td></tr>
<tr><td>3</td><td colspan="5">能掌握机床皮带和链传动机构的装配技术要求及装配要点</td><td>15</td><td></td></tr>
<tr><td>4</td><td colspan="5">能掌握带传动张紧力的检查方法</td><td>10</td><td></td></tr>
<tr><td>5</td><td colspan="5">能掌握链传动的张紧方法和润滑方式</td><td>10</td><td></td></tr>
<tr><td>6</td><td colspan="5">能完成机床皮带和链传动机构故障的维修</td><td>20</td><td></td></tr>
<tr><td>7</td><td colspan="5">能遵守劳动纪律，以积极的态度接受工作任务</td><td>5</td><td></td></tr>
<tr><td>8</td><td colspan="5">能积极参与小组讨论，团队间相互合作</td><td>5</td><td></td></tr>
<tr><td>9</td><td colspan="5">能及时完成老师布置的任务</td><td>5</td><td></td></tr>
<tr><td colspan="6">总分</td><td>100</td><td></td></tr>
<tr><td>小结
建议</td><td colspan="8"></td></tr>
</table>

学习活动 3　任务验收、交付使用

学习目标

1. 能正确填写维修验收单，明确验收要求。
2. 能按照企业工作制度请操作人员验收。
3. 能根据检验数据，验收维修质量，并交付使用。

建议学时：4 学时

学习过程

1. 根据任务要求，熟悉维修验收单格式，并完成验收单的填写。

<table>
<tr><th colspan="4">维修验收单</th></tr>
<tr><td>维修项目</td><td colspan="3">皮带和链传动机构故障维修</td></tr>
<tr><td>维修单位</td><td colspan="3"></td></tr>
<tr><td>维修时间节点</td><td colspan="3"></td></tr>
<tr><td>验收日期</td><td colspan="3"></td></tr>
<tr><td>验收项目及要求</td><td colspan="3">1. 带轮对带轮轴的径向跳动量
2. 带轮端面圆跳动量
3. 两链轮偏移量
4. 链轮径向、端面圆跳动量
5. 链的下垂度 f/L</td></tr>
<tr><td>验收人</td><td></td><td></td><td></td></tr>
</table>

2. 对照下图，写出带轮跳动量的检测方法。

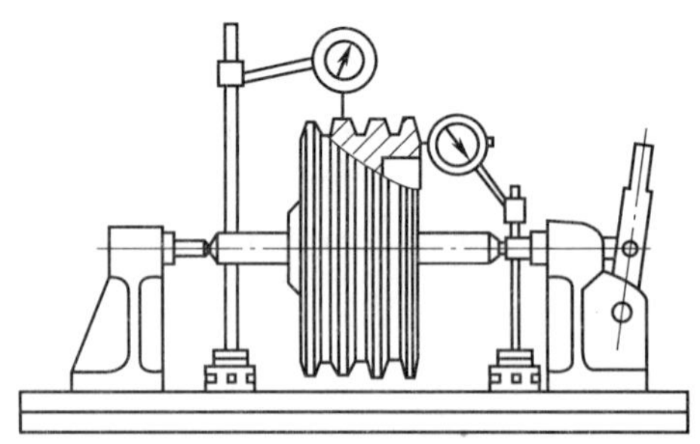

3. 对照下图，写出两链轮轴向平行度及轴向偏移量的检测方法。

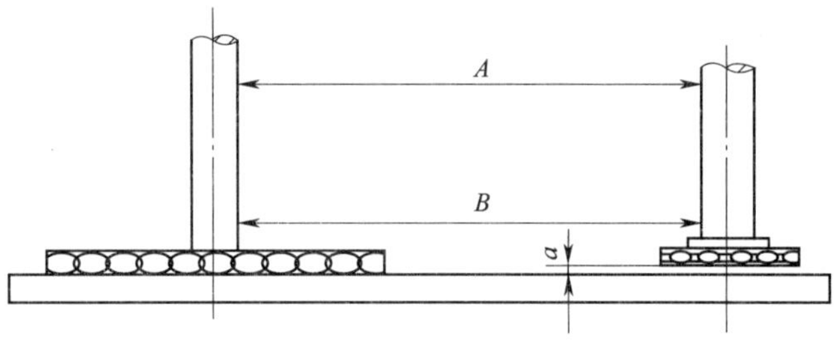

4. 对照下图，写出链轮跳动量的检测方法。

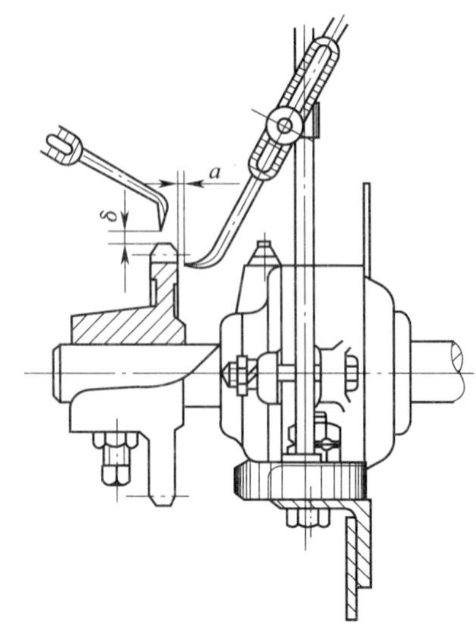

5. 对照下图，写出链条下垂度的检测方法。

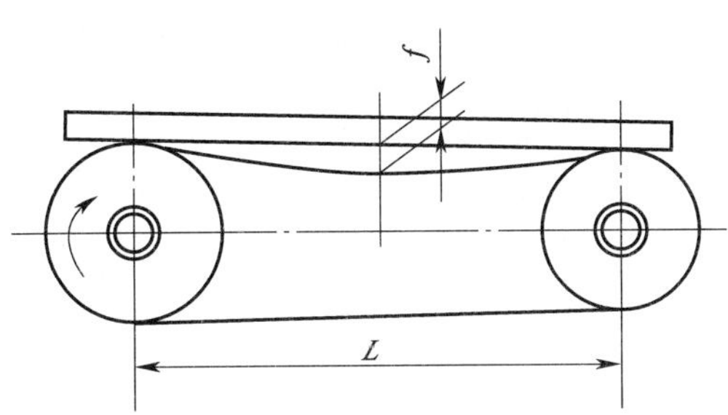

6. 根据验收项目及要求，完成检测，并填写相关检验数据。

序号	检验项目	允差	实测	是否合格
1	带轮对带轮轴的径向跳动量	（0.002 5～0.000 5）*D* mm		
2	带轮端面圆跳动量	（0.000 5～0.001）*D* mm		
3	两带轮中心平面倾斜角	≤10°		
4	带的张紧力	以用大拇指在 V 带切边中间能按下 15 mm 左右为宜		
5	带轮表面粗糙度	*Ra*3.2 以下		
6	两链轮偏移量	中心距＜500 mm，*a* 允许偏移量为 1 mm；中心距＞500 mm，*a* 允许偏移量为2 mm		
7	链轮径向、端面圆跳动量	链轮直径＜100 mm，允许跳动量为 0.3 mm；链轮直径为 100～200 mm，允许跳动量为 0.5 mm；链轮直径为 200～300 mm，允许跳动量为 0.8 mm		
8	链的下垂度 *f*/*L*（*f* 为下垂量，*L* 为中心距）	允许下垂度 2%		

7. 根据上述验收数据，给出本次任务验收的结论。

8. 在精度检验过程中，如果检验结果超出允差值，应该如何处理?

9. 验收结束后，按照6S管理要求规整场地，并完成下列表格的填写。

序号	名称	自我评价	做得较好的方面	做得不满意的方面	改进措施
1	整理（SEIRI）				
2	整顿（SEITON）				
3	清扫（SEISO）				
4	清洁（SEIKETSU）				
5	素养（SHITSUKE）				
6	安全（SECURITY）				

评价与分析

学习活动过程评价表

<table>
<tr><td>班级</td><td></td><td>姓名</td><td></td><td>学号</td><td></td><td>日期</td><td>年　月　日</td></tr>
<tr><td>序号</td><td colspan="4">评价要点</td><td>配分</td><td>得分</td><td>总评</td></tr>
<tr><td>1</td><td colspan="4">能正确填写维修验收单</td><td>10</td><td></td><td rowspan="12">A□（86～100）
B□（76～85）
C□（60～75）
D□（60 以下）</td></tr>
<tr><td>2</td><td colspan="4">能说出验收项目的要求</td><td>10</td><td></td></tr>
<tr><td>3</td><td colspan="4">能写出带轮、链轮跳动量的检测方法</td><td>10</td><td></td></tr>
<tr><td>4</td><td colspan="4">能写出两链轮轴向平行度及轴向偏移量的检测方法</td><td>5</td><td></td></tr>
<tr><td>5</td><td colspan="4">能写出链条下垂度的检测方法</td><td>5</td><td></td></tr>
<tr><td>6</td><td colspan="4">能根据验收项目进行检验，并记录相关数据</td><td>20</td><td></td></tr>
<tr><td>7</td><td colspan="4">能判断检验项目是否合格，并给出总体验收结论</td><td>10</td><td></td></tr>
<tr><td>8</td><td colspan="4">若检验结果存在误差，能正确分析并处理</td><td>10</td><td></td></tr>
<tr><td>9</td><td colspan="4">能按照 6S 管理要求清理场地</td><td>5</td><td></td></tr>
<tr><td>10</td><td colspan="4">能遵守劳动纪律，以积极的态度接受工作任务</td><td>5</td><td></td></tr>
<tr><td>11</td><td colspan="4">能积极参与小组讨论，团队间相互合作</td><td>5</td><td></td></tr>
<tr><td>12</td><td colspan="4">能及时完成老师布置的任务</td><td>5</td><td></td></tr>
<tr><td colspan="5">总分</td><td>100</td><td></td><td></td></tr>
<tr><td>小结
建议</td><td colspan="7"></td></tr>
</table>

学习活动4　工作总结与评价

学习目标

1. 能按分组情况，分别派代表展示工作成果，说明本次任务的完成情况，并作分析总结。

2. 能结合自身任务完成情况，正确规范撰写工作总结（心得体会）。

3. 能就本次任务中出现的问题，提出改进措施。

4. 能对学习与工作进行反思总结，并能与他人开展良好合作，进行有效的沟通。

建议学时：4学时

学习过程

一、展示评价（个人、小组评价）

每个人先在组里进行经验交流与成果展示，再由小组推荐代表作必要的介绍。在交流的过程中，以组为单位进行评价；评价完成后，根据其他组成员对本组故障维修的评价意见进行归纳总结。完成如下项目：

1. 交流的经验是否符合生产实际？

符合□　　　　　　基本符合□　　　　　　不符合□

2. 与其他组相比，本小组设计的维修工艺如何？

工艺优化□　　　　　　工艺合理□　　　　　　工艺一般□

3. 本小组介绍经验时表达是否清晰？

很好□　　　　　　一般，常补充□　　　　　　不清晰□

4. 本小组演示时，维修操作是否正确?

正确□　　　　部分正确□　　　　不正确□

5. 本小组演示操作时遵循了“6S”的工作要求吗?

符合工作要求□　　　　忽略了部分要求□　　　　完全没有遵循□

6. 本小组的成员团队创新精神如何?

良好□　　　　一般□　　　　不足□

二、自评总结（心得体会）

____

____

____

____

____

____

____

____

____

____

____

三、教师评价

1. 找出各组的优点进行点评。

2. 对展示过程中各组的缺点进行点评，提出改进方法。

3. 对整个任务完成中出现的亮点和不足进行点评。

评价与分析

学习任务四总体评价表

班级：________　　　　姓名：________　　　　学号：________

项目	自我评价			小组评价			教师评价		
	10～9	8～6	5～1	10～9	8～6	5～1	10～9	8～6	5～1
	占总评10%			占总评30%			占总评60%		
学习活动1									
学习活动2									
学习活动3									
学习活动4									
协作精神									
纪律观念									
表达能力									
工作态度									
安全意识									
任务总体表现									
小计									
总评									

任课教师：________　年　月　日

学习任务五　离合器故障维修

学习目标

1. 能接受维修任务，明确任务要求，写出小组成员、工作地点、维修对象、维修时间，初步了解故障现象，服从工作安排。

2. 能通过耐心细致的有效沟通，记录操作人员反映的信息，通过小组讨论，提取有效信息，充分了解故障现象。

3. 能查阅设备维修档案，摘录并分析设备的维修记录，正确获取设备的工作年限、故障出现频率等有效信息。

4. 能按照工艺文件和维修原则，通过小组讨论写出维修步骤。

5. 能正确选择维修工具、检验量具、辅助工具、维修辅料、标识牌等，并列出工量具清单。

6. 能正确安放标识牌，做好场地安全防护措施，穿戴好劳保防护用品。

7. 能对离合器故障部位零部件进行拆卸，写出需要修复、更换的摩擦片或其他零件，制订合理的修复或更换方案。

8. 能对摩擦离合器进行装配、检测和调整。

9. 能按照企业工作制度请操作人员验收，交付使用，并填写维修记录。

10. 能严格遵守起吊、搬运、用电、消防等安全规程要求。

11. 能清理场地，归置物品，并按照环保规定处置废油液等废弃物。

12. 能写出完成此项任务的工作小结。

建议学时

40 学时

工作情境描述

学校车间里有一台 CA6140 型车床突然出现闷车现象，要求机修人员检查摩擦离合器是否出现故障，并及时排除故障，以恢复车床功能。由于生产任务时间紧，车间把维修任务交给了我们小组，要求在最短的时间内对车床的摩擦离合器进行维修，以尽快恢复生产。

工作流程与活动

维修人员在接受维修任务后，到现场与操作人员沟通，勘察故障现象，查阅机床离合器维修档案，进行离合器故障诊断，明确故障点；故障确认后制定维修步骤，做好维修前的准备工作；在维修过程中，通过对离合器故障零部件的更新修复，来完成故障排除；故障排除后请操作人员验收，合格后交付使用，并填写维修记录；最后，撰写工作小结，采用不同形式进行经验交流。在工作过程中严格遵守起吊、搬运、用电、消防等安全规程要求，按照现场管理规范清理场地，归置物品，并按照环保规定处置废油液等废弃物。

学习活动 1　接受工作任务、制订维修计划（8 学时）

学习活动 2　离合器故障维修（24 学时）

学习活动 3　任务验收、交付使用（4 学时）

学习活动 4　工作总结与评价（4 学时）

设备结构图

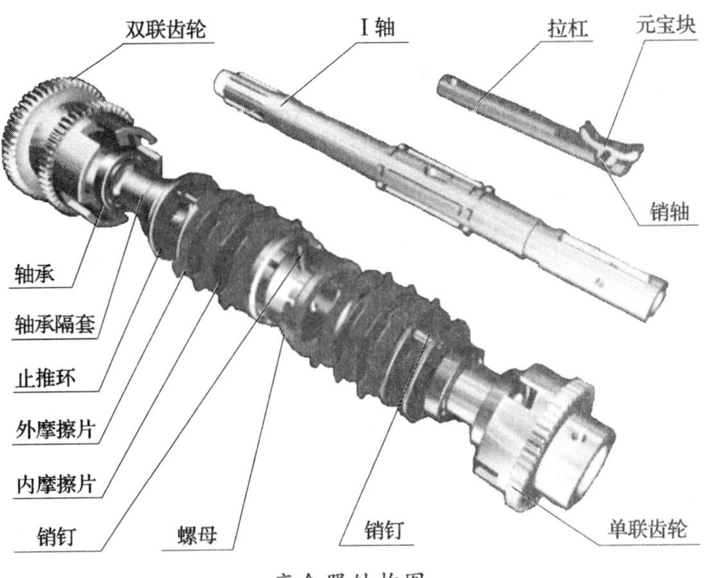

离合器结构图

学习活动1　接受工作任务、制订维修计划

学习目标

1. 能识读生产派工单，接受离合器故障维修工作任务，明确任务要求。

2. 能通过查阅资料，了解离合器的相关知识。

3. 查阅相关技术资料，获取离合器精度检验的技术要求。

4. 能正确选择离合器故障维修工具、检验量具、辅助工具，并列出工、量具清单。

5. 能制订离合器故障维修的工作计划。

建议学时：8学时

学习过程

1. 仔细阅读下面的生产派工单，按照生产派工单提供的基本信息，查阅相关资料，明确工作任务的内容和要求。随着学习活动的展开，逐项填写生产派工单中的空白项目内容，完成学习任务。

生 产 派 工 单

单号：________　开单部门：________　开单人：________

开单时间：____年____月____日____时____分　接单人：______部______小组__________（签名）

续表

<table>
<tr><td colspan="5">以下由开单人填写</td></tr>
<tr><td>工作任务</td><td>离合器故障维修</td><td>完成工时</td><td colspan="2">40 工时</td></tr>
<tr><td>工作任务要求</td><td colspan="4">完成 CA6140 型车床离合器的更新修复，达到规定精度要求，参照卧式车床几何精度检验标准（GB/T 4020—1997）</td></tr>
<tr><td colspan="5">以下由接单人和确认方填写</td></tr>
<tr><td>领取材料（含消耗品）</td><td colspan="2"></td><td rowspan="2">成本核算</td><td rowspan="2">金额合计：
仓管员（签名）
年　月　日</td></tr>
<tr><td>领用工具</td><td colspan="2"></td></tr>
<tr><td>操作者检测</td><td colspan="2"></td><td colspan="2">（签名）
年　月　日</td></tr>
<tr><td>班组检测</td><td colspan="2"></td><td colspan="2">（签名）
年　月　日</td></tr>
<tr><td>质检员检测</td><td colspan="2"></td><td colspan="2">（签名）
年　月　日</td></tr>
<tr><td rowspan="4">生产数量统计</td><td>合格</td><td colspan="3"></td></tr>
<tr><td>不良</td><td colspan="3"></td></tr>
<tr><td>返修</td><td colspan="3"></td></tr>
<tr><td>报废</td><td colspan="3"></td></tr>
</table>

统计：　　　　　　　　审核：　　　　　　　　批准：

2. 常见的离合器主要有超越离合器、单片式摩擦离合器、多片式摩擦离合器、牙嵌式安全离合器等，查阅相关资料，说明各种离合器的适用范围。

离合器图示	名称	适用范围
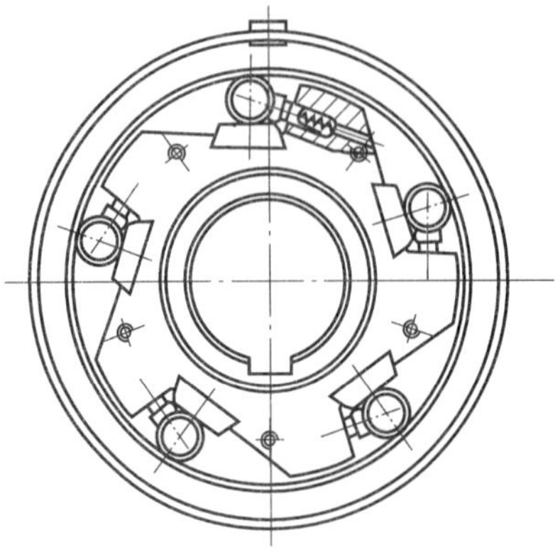	超越离合器	
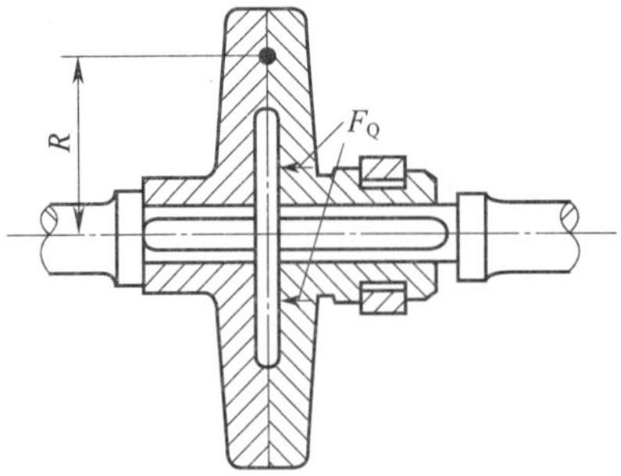 R F_Q	单片式摩擦离合器	
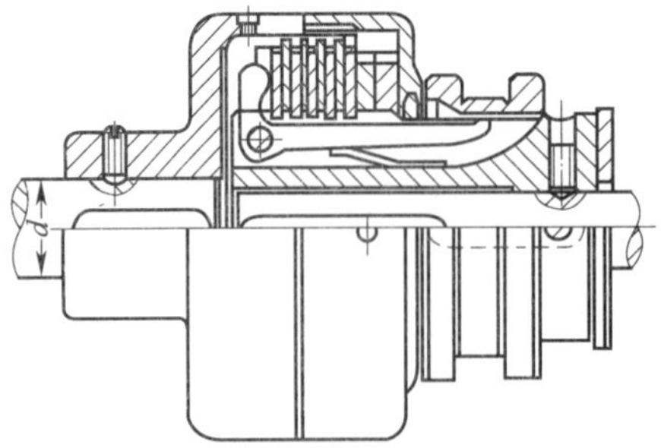 d	多片式摩擦离合器	

续表

离合器图示	名称	适用范围
	牙嵌式安全离合器	

3. 通过上述学习，写出 CA6140 型车床所使用的离合器的类型，所在的位置（拍照片），以及在车床上主要实现的功能。

4. 对照下图，写出离合器的工作原理。

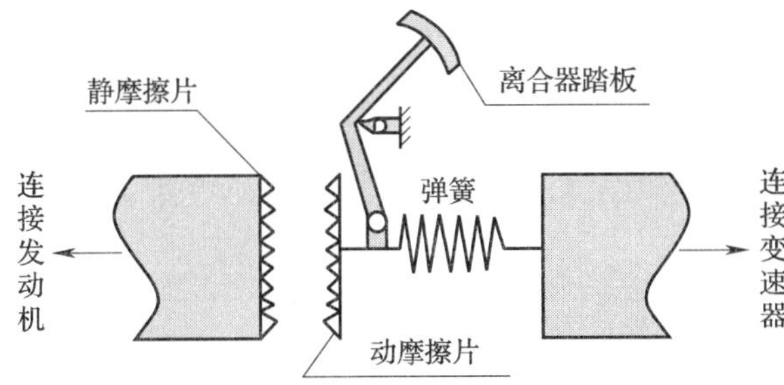

5. 查阅资料，写出摩擦式离合器应能满足哪些基本要求？

6. 对照下图，写出 CA6140 型车床摩擦离合器各部分的名称。

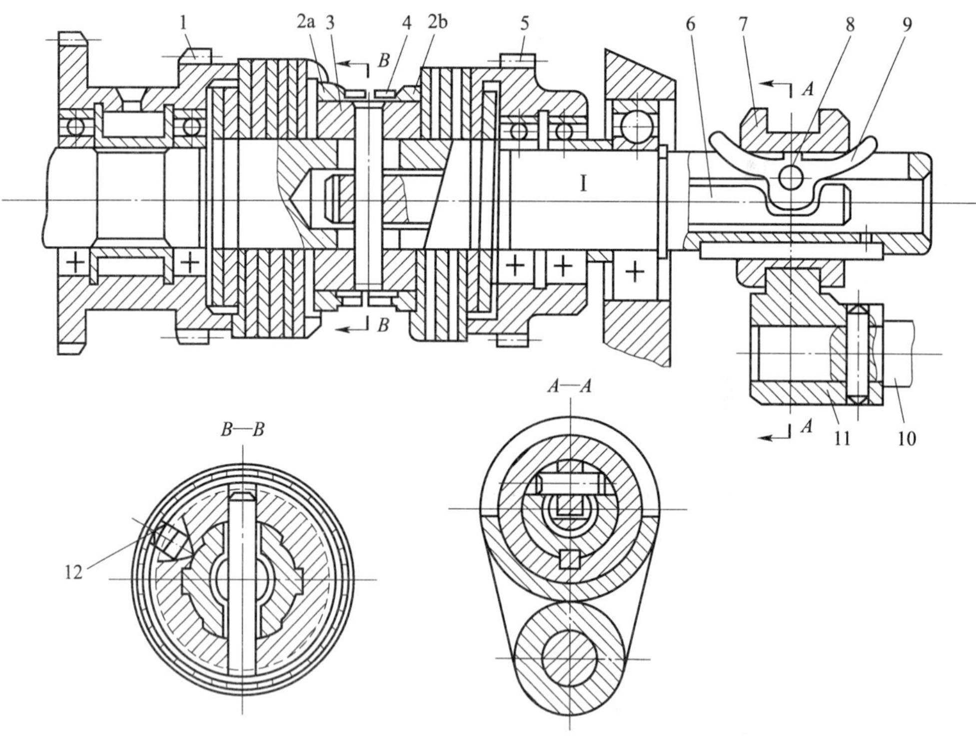

CA6140 型车床摩擦离合器结构图

1 ____________ 2a ____________ 2b ____________ 3 ____________

4 ____________ 5 ____________ 6 ____________ 7 ____________

8 ____________ 9 ____________ 10 ____________ 11 ____________

12 ____________

7. 根据任务要求，对现有小组成员进行合理分工，并填写分工表。

序号	组员姓名	组员分工	备注

8. 列出离合器故障维修所需的工具、量具、检具清单。

序号	名称	图示	主要功用	精度	备注
1	一字旋具		用于旋紧或松开头部开一字槽的螺钉		

9. 查阅资料，小组讨论并制订机床离合器故障维修任务的工作计划。

序号	工作内容	完成时间	工作要求	备注
1	接受生产派工单		认真识读生产派工单，了解工作任务的具体要求	
2	查询相关资料		查阅机床离合器的有关知识，了解机床离合器故障	

续表

序号	工作内容	完成时间	工作要求	备注

评价与分析

学习活动过程评价表

班级		姓名		学号		日期	年 月 日
序号	评价要点				配分	得分	总评
1	能正确识读并填写生产派工单，明确任务要求				5		A□（86～100） B□（76～85） C□（60～75） D□（60 以下）
2	能查阅资料，了解离合器的类型及适用范围				10		
3	能熟悉摩擦离合器的工作原理				10		
4	能参照国家标准，明确离合器的精度要求				10		
5	能写出 CA6140 型车床摩擦离合器各部分的名称				10		
6	能根据工作要求，对小组成员进行合理分工				10		
7	能列出机床离合器故障维修所需的工具、量具、检具清单				10		
8	能制订机床离合器故障维修的工作计划				10		
9	能遵守劳动纪律，以积极的态度接受工作任务				5		
10	能积极参与小组讨论，团队间相互合作				10		
11	能及时完成老师布置的任务				10		
总分					100		
小结建议							

学习活动 2　离合器故障维修

学习目标

1．能查阅机床维修档案，摘录并分析维修记录，获取有效信息。

2．能掌握机床离合器故障维修的相关知识。

3．能对机床离合器故障进行诊断，画出诊断流程图，找到故障点。

4．能按照工艺文件和维修原则，通过小组讨论写出维修步骤。

5．能对故障部位零部件和元器件进行修复或更换。

建议学时：24 学时

学习过程

1．查阅 CA6140 型车床维修档案，摘录机床维修记录，对其中涉及离合器故障的维修记录进行分析。

2. 查阅相关资料，回答下列问题。

（1）牙嵌式离合器的常见损坏形式有哪几种?

（2）摩擦片式离合器的常见损坏形式有哪几种?

（3）对摩擦离合器的摩擦片表面有什么要求?

（4）摩擦离合器内外摩擦片之间的间隙对使用有什么影响?

3. 查阅相关资料，罗列 CA6140 型卧式车床主轴箱内的摩擦片式离合器常见的故障现象，写出故障原因，并分析修复方法。

故障现象	故障原因	修复方法
发生闷车现象	主轴在切削负荷较大时，出现了转速明显低于标牌转速或者自动停车现象。故障产生的常见原因是由于主轴箱中的片式摩擦离合器的摩擦片间隙调整过大，或者摩擦片、摆杆、滑环等零件磨损严重。如果电动机的传动带调节过松也会出现这种情况	
重切削时主轴转速低于标牌上的转速，甚至发生停机现象	①主轴箱内的摩擦离合器调整过松；或者因机床切削超负荷，调整好的摩擦片之间产生相对滑动，甚至表面被研出较深的沟道；如果表面渗碳硬层被全部磨掉时，摩擦离合器就失去效能 ②摩擦离合器操纵机构接头与垂直杆的连接松动 ③摩擦离合器轴上的元宝销、滑套和拉杆严重磨损 ④摩擦离合器轴上的弹簧销或调整压力的螺母松动	
停机后主轴有自转现象或制动时间太长	摩擦离合器调整过紧，停机后摩擦片仍未完全脱开	

4. 摩擦离合器的易损部位主要有摩擦片、长销、压套、元宝形摆块、拉杆、滑套等，写出摩擦离合器各零件磨损后的修复方法。

序号	磨损零件名称	修复方法
1	摩擦片	
2	长销	
3	压套	
4	元宝形摆块	
5	拉杆	
6	滑套	

5. 结合实际，分析 CA6140 型卧式车床主轴箱内的摩擦片式离合器故障诊断所需的过程，画出诊断流程图。

6．根据下图，写出调节 CA6140 型卧式车床离合器摩擦片间隙大小的步骤。

7．确定本任务的离合器故障维修步骤，拍摄步骤图片，并记录操作要点和注意事项。

步骤	维修内容	示例	操作要点	注意事项	工量刃具
1	拆卸主轴箱内Ⅰ轴				
2	拆卸磨损的摩擦片				
3	更换新的摩擦片				
4	组装Ⅰ轴组件				
5	将Ⅰ轴装入主轴箱				
6	调整				
7	试车检验				

评价与分析

学习活动过程评价表

<table>
<tr><td>班级</td><td colspan="2"></td><td>姓名</td><td></td><td>学号</td><td></td><td>日期</td><td>年 月 日</td></tr>
<tr><td>序号</td><td colspan="6">评价要点</td><td>配分</td><td>得分</td><td>总评</td></tr>
<tr><td>1</td><td colspan="6">能分析机床故障维修档案，获取有效信息</td><td>10</td><td></td><td rowspan="11">A□（86～100）
B□（76～85）
C□（60～75）
D□（60 以下）</td></tr>
<tr><td>2</td><td colspan="6">能掌握离合器零件磨损的形式及产生原因</td><td>10</td><td></td></tr>
<tr><td>3</td><td colspan="6">能写出摩擦离合器的修复方法</td><td>10</td><td></td></tr>
<tr><td>4</td><td colspan="6">能编制机床离合器故障维修工艺流程</td><td>10</td><td></td></tr>
<tr><td>5</td><td colspan="6">能进行故障诊断，画出诊断流程图</td><td>10</td><td></td></tr>
<tr><td>6</td><td colspan="6">能掌握机床离合器调整、维修、拆装的相关知识</td><td>10</td><td></td></tr>
<tr><td>7</td><td colspan="6">能完成机床离合器故障的维修</td><td>20</td><td></td></tr>
<tr><td>8</td><td colspan="6">能遵守劳动纪律，以积极的态度接受工作任务</td><td>10</td><td></td></tr>
<tr><td>9</td><td colspan="6">能积极参与小组讨论，团队间相互合作</td><td>5</td><td></td></tr>
<tr><td>10</td><td colspan="6">能及时完成老师布置的任务</td><td>5</td><td></td></tr>
<tr><td colspan="7">总分</td><td>100</td><td></td></tr>
<tr><td>小结
建议</td><td colspan="9"></td></tr>
</table>

学习活动 3　任务验收、交付使用

学习目标

1. 能正确填写维修验收单，明确验收要求。
2. 能按照企业工作制度请操作人员验收。
3. 能根据检验数据，验收维修质量，并交付使用。

建议学时：4 学时

学习过程

1. 根据任务要求，熟悉维修验收单格式，并完成验收单的填写。

维修验收单			
维修项目	离合器故障维修		
维修单位			
维修时间节点			
验收日期			
验收项目及要求	1. 结合、分离动作灵敏 2. 正、反转位置准确 3. 能传递足够的扭矩		
验收人			

2. 根据验收项目及要求，完成检测，并填写相关检验结果。

序号	检验项目	检验情况	是否合格
1	结合、分离动作灵敏		
2	正、反转位置准确		
3	能传递足够的扭矩		

3. 根据上述验收数据，给出本次任务验收的结论。

4. 精度检验过程中，如果检验结果超出允差值，应该如何处理?

5. 验收结束后，按照6S管理要求规整场地，并完成下列表格的填写。

序号	名称	自我评价	做得较好的方面	做得不满意的方面	改进措施
1	整理（SEIRI）				
2	整顿（SEITON）				
3	清扫（SEISO）				
4	清洁（SEIKETSU）				
5	素养（SHITSUKE）				
6	安全（SECURITY）				

评价与分析

学习活动过程评价表

<table>
<tr><td>班级</td><td></td><td>姓名</td><td></td><td>学号</td><td></td><td>日期</td><td>年　月　日</td></tr>
<tr><td>序号</td><td colspan="4">评价要点</td><td>配分</td><td>得分</td><td>总评</td></tr>
<tr><td>1</td><td colspan="4">能正确填写维修验收单</td><td>10</td><td></td><td rowspan="10">A□（86～100）
B□（76～85）
C□（60～75）
D□（60以下）</td></tr>
<tr><td>2</td><td colspan="4">能说出验收项目的要求</td><td>10</td><td></td></tr>
<tr><td>3</td><td colspan="4">能根据验收项目进行检验，并记录相关数据</td><td>20</td><td></td></tr>
<tr><td>4</td><td colspan="4">能判断检验项目是否合格，并给出总体验收结论</td><td>20</td><td></td></tr>
<tr><td>5</td><td colspan="4">若检验结果存在误差，能正确分析并处理</td><td>15</td><td></td></tr>
<tr><td>6</td><td colspan="4">能按照6S管理要求清理场地</td><td>10</td><td></td></tr>
<tr><td>7</td><td colspan="4">能遵守劳动纪律，以积极的态度接受工作任务</td><td>5</td><td></td></tr>
<tr><td>8</td><td colspan="4">能积极参与小组讨论，团队间相互合作</td><td>5</td><td></td></tr>
<tr><td>9</td><td colspan="4">能及时完成老师布置的任务</td><td>5</td><td></td></tr>
<tr><td colspan="5">总分</td><td>100</td><td></td></tr>
<tr><td>小结
建议</td><td colspan="7"></td></tr>
</table>

学习活动4　工作总结与评价

学习目标

1. 能按分组情况，分别派代表展示工作成果，说明本次任务的完成情况，并作分析总结。

2. 能结合自身任务完成情况，正确规范撰写工作总结（心得体会）。

3. 能就本次任务中出现的问题，提出改进措施。

4. 能对学习与工作进行反思总结，并能与他人开展良好合作，进行有效的沟通。

建议学时：4学时

学习过程

一、展示评价（个人、小组评价）

每个人先在组里进行经验交流与成果展示，再由小组推荐代表作必要的介绍。在交流的过程中，以组为单位进行评价；评价完成后，根据其他组成员对本组故障维修的评价意见进行归纳总结。完成如下项目：

1. 交流的经验是否符合生产实际？

符合□　　　　基本符合□　　　　不符合□

2. 与其他组相比，本小组设计的维修工艺如何？

工艺优化□　　　　工艺合理□　　　　工艺一般□

3. 本小组介绍经验时表达是否清晰？

很好□　　　　一般，常补充□　　　　不清晰□

4. 本小组演示时，维修操作是否正确?

正确□　　部分正确□　　不正确□

5. 本小组演示操作时遵循了“6S”的工作要求吗?

符合工作要求□　　忽略了部分要求□　　完全没有遵循□

6. 本小组的成员团队创新精神如何?

良好□　　一般□　　不足□

二、自评总结（心得体会）

____

____

____

____

____

____

____

____

____

____

____

三、教师评价

1. 找出各组的优点进行点评。

2. 对展示过程中各组的缺点进行点评，提出改进方法。

3. 对整个任务完成中出现的亮点和不足进行点评。

评价与分析

学习任务五总体评价表

班级：__________　　姓名：__________　　学号：________

项目	自我评价			小组评价			教师评价		
	10 ~ 9	8 ~ 6	5 ~ 1	10 ~ 9	8 ~ 6	5 ~ 1	10 ~ 9	8 ~ 6	5 ~ 1
	占总评 10%			占总评 30%			占总评 60%		
学习活动 1									
学习活动 2									
学习活动 3									
学习活动 4									
协作精神									
纪律观念									
表达能力									
工作态度									
安全意识									
任务总体表现									
小计									
总评									

任课教师：________　年　月　日

学习任务六　机床导轨精度故障维修

1. 能接受维修任务，明确任务要求，写出小组成员、工作地点、维修对象、维修时间，初步了解故障现象，服从工作安排。

2. 能通过耐心细致的有效沟通，记录操作人员反映的信息，通过小组讨论，提取有效信息，充分了解故障现象。

3. 能查阅设备维修档案，摘录并分析设备的维修记录，正确获取设备的工作年限、故障出现频率等有效信息。

4. 能按照工艺文件和维修原则，通过小组讨论写出维修步骤。

5. 能正确选择维修工具、检验量具、辅助工具、维修辅料、标识牌等，并列出工量具清单。

6. 能正确安放标识牌，做好场地安全防护措施，穿戴好劳保防护用品。

7. 能对机床导轨进行修复，并完成机床导轨精度的检测。

8. 能按照企业工作制度请操作人员验收，交付使用，并填写维修记录。

9. 能严格遵守起吊、搬运、用电、消防等安全规程要求。

10. 能清理场地，归置物品，并按照环保规定处置废油液等废弃物。

11. 能写出完成此项任务的工作小结。

60 学时

某车间由于生产任务要求，需使用 CA6140 型车床车削加工一批轴类零件。加工过程中

对零件进行精度检测，通过检测发现这批零件的圆柱度误差大都在 0.06 ~ 0.07 mm 之间，超出了零件公差要求。操作者通过排查发现故障原因与机床导轨的精度有一定关系，是导轨出现磨损而直接影响了机床的加工精度。由于生产任务时间紧，车间把维修任务交给了我们小组，要求在 2 周左右时间内对机床导轨进行维修，以恢复其精度和功能。

工作流程与活动

维修人员在接受维修任务后，到现场与操作人员沟通，勘察故障现象，查阅机床导轨维修档案，进行导轨故障诊断，明确故障点；故障确认后制定维修步骤，做好维修前的准备工作；在维修过程中，通过对导轨故障的刮削修复，完成故障排除；故障排除后请操作人员验收，合格后交付使用，并填写维修记录；最后，撰写工作小结，采用不同形式进行经验交流。在工作过程中严格遵守起吊、搬运、用电、消防等安全规程要求，按照现场管理规范清理场地，归置物品，并按照环保规定处置废油液等废弃物。

学习活动 1　接受工作任务、制订维修计划（10 学时）

学习活动 2　机床导轨精度故障维修（36 学时）

学习活动 3　任务验收、交付使用（10 学时）

学习活动 4　工作总结与评价（4 学时）

机床设备图

学习活动1　接受工作任务、制订维修计划

学习目标

1. 能识读生产派工单，接受机床导轨精度故障维修工作任务，明确任务要求。

2. 能查阅资料，了解机床导轨的相关知识。

3. 查阅相关技术资料，获取机床导轨精度检验的技术要求。

4. 能正确选择机床导轨精度故障维修工具、检验量具、辅助工具，并列出工、量具清单。

5. 能制订机床导轨精度故障维修的工作计划。

建议学时：10 学时

学习过程

1. 仔细阅读下面的生产派工单，按照生产派工单提供的基本信息，查阅相关资料，明确工作任务的内容和要求。随着学习活动的展开，逐项填写生产派工单中的空白项目内容，完成学习任务。

生产派工单

单号：________________　开单部门：________________　开单人：________________

开单时间：______年____月____日____时____分　接单人：______部______小组______（签名）

续表

<table>
<tr><td colspan="5">以下由开单人填写</td></tr>
<tr><td>工作任务</td><td>机床导轨精度故障维修</td><td>完成工时</td><td colspan="2">60 工时</td></tr>
<tr><td>工作任务要求</td><td colspan="4">完成 CA6140 型车床导轨的刮削修复，达到导轨精度要求，参照卧式车床几何精度检验标准（GB/T 4020—1997）</td></tr>
<tr><td colspan="5">以下由接单人和确认方填写</td></tr>
<tr><td>领取材料（含消耗品）</td><td colspan="2"></td><td rowspan="2">成本核算</td><td rowspan="2">金额合计：
仓管员（签名）
年 月 日</td></tr>
<tr><td>领用工具</td><td colspan="2"></td></tr>
<tr><td>操作者检测</td><td colspan="2"></td><td colspan="2">（签名）
年 月 日</td></tr>
<tr><td>班组检测</td><td colspan="2"></td><td colspan="2">（签名）
年 月 日</td></tr>
<tr><td>质检员检测</td><td colspan="2"></td><td colspan="2">（签名）
年 月 日</td></tr>
<tr><td rowspan="4">生产数量统计</td><td>合格</td><td colspan="3"></td></tr>
<tr><td>不良</td><td colspan="3"></td></tr>
<tr><td>返修</td><td colspan="3"></td></tr>
<tr><td>报废</td><td colspan="3"></td></tr>
</table>

统计： 审核： 批准：

2. 按摩擦性质分，导轨可分为滑动导轨和滚动导轨，写出下图所示导轨属于哪种类型，并说明 CA6140 型车床的导轨属于哪种导轨？

____

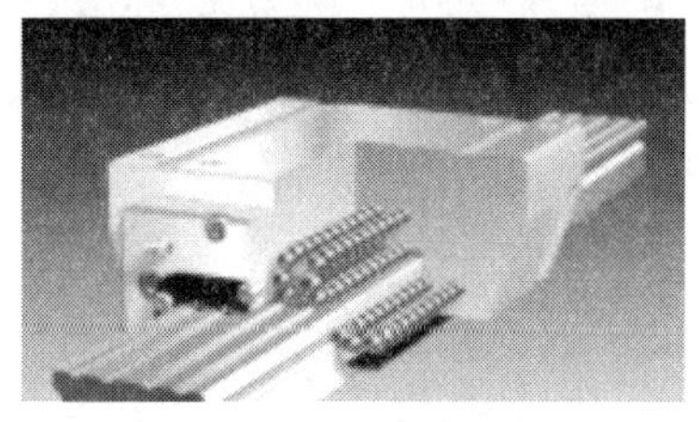

____

CA6140 型车床导轨属于：______________。

3. 机床导轨的常见形状有矩形和 V 形，下图所示是机床导轨的常见形式，写出它们各自的名称，并说出 CA6140 型车床导轨属于什么形状的导轨？

a)　　b)

c)　　d)

e)　　f)

a) ______________　b) ______________

c) ______________　d) ______________

e) ______________　f) ______________

CA6140 型车床导轨形状为：______________。

4. 仔细阅读 CA6140 型车床的使用说明书，查阅相关资料，完成下列问题。

(1) 下图所示为 CA6140 型车床导轨与其他部件的连接图，在图中标出机床导轨的位置，并说出机床导轨与相连各组成部件的连接方式。

机床导轨与部件连接图	连接方式
 导轨与刀架、溜板箱连接	
 导轨与主轴箱连接	
 导轨与尾座连接	

（2）一般来说，机床导轨是由什么材料制成的？它要保障机床实现哪些功能？

5. 出现机床导轨精度故障后，要对机床导轨精度进行检查。查阅资料，回答下列问题。

(1) 机床几何精度检验的依据是什么?(国家或行业标准名称)

(2) 机床导轨精度检查都包含哪些项目?

（3）针对不同的检查项目，给出示意图，并写出导轨精度检验的方法和技术要求。

检验项目		示意图	检验方法	允差（mm）	备注
导轨精度	纵向：导轨在垂直面内的直线度			$Dc \leqslant 500$，0.01 mm（凸）	
				$500 < Dc \leqslant 1\ 000$，0.02 mm（凸） 局部误差：任意250 mm测量长度上0.007 5 mm	
				$1\ 000 < Dc \leqslant 1\ 500$，0.025（凸） 局部误差：任意500 mm测量长度上0.015 mm	
				Dc 每增大1 000，允差增加0.01 mm	
	横向：导轨的平行度				

注：Dc 为顶尖距。

6. 下图所示为框式水平仪，写出框式水平仪的工作原理，以及用框式水平仪检测导轨直线度的步骤。

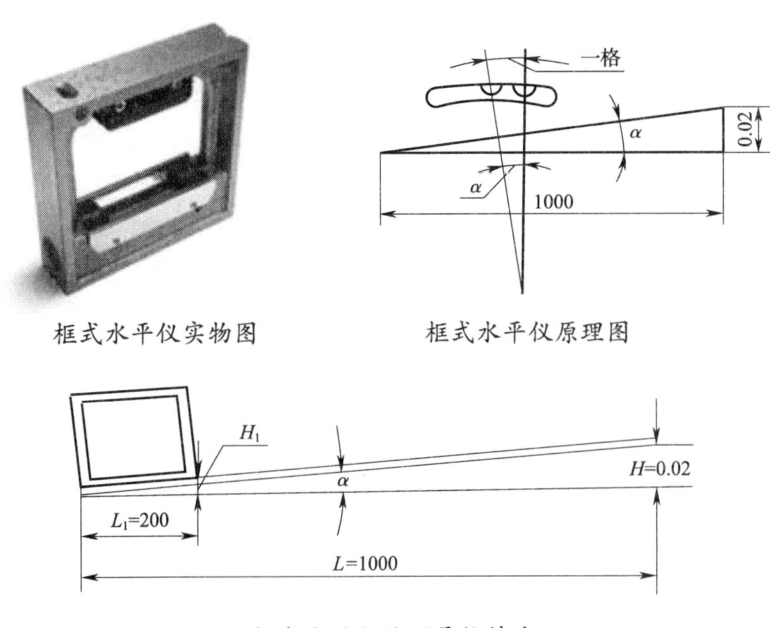

框式水平仪实物图　　框式水平仪原理图

用框式水平仪检测导轨精度

（1）写出框式水平仪的工作原理。

（2）写出用框式水平仪检测导轨直线度的步骤。

7. 除了用水平仪检测导轨的直线度误差以外，还有什么方法可以检测导轨直线度误差?

8. 试用图示说明，检测机床导轨平行度误差的方法和步骤。

9．吊装是指运用吊车或者起升机构对设备的安装、就位的统称。在检修导轨故障时要运用吊装技术。查阅相关资料，说明吊装的操作步骤、安全规程以及操作注意事项。

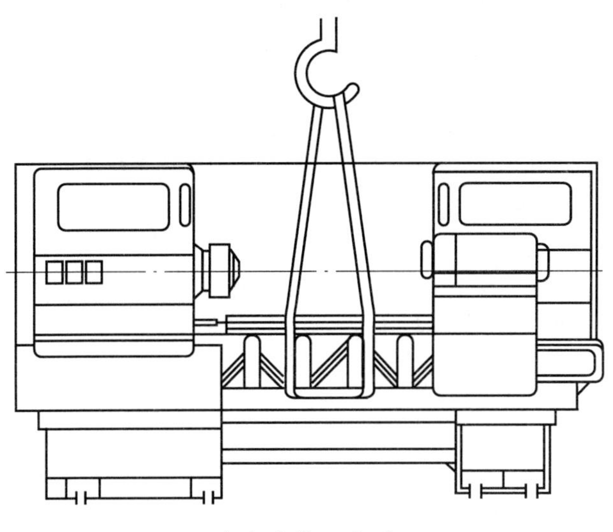

车床吊装示意图

10．根据任务要求，对现有小组成员进行合理分工，并填写分工表。

序号	组员姓名	组员分工	备注

11. 列出机床导轨精度故障维修所需的工具、量具、检具清单。

序号	名称	图示	主要功用	精度	备注
1	框式水平仪		用来测量导轨在铅垂平面内的直线度、工作台面的平面度及零件间的垂直度和平行度	0.02/1 000 mm	
2	垫铁		用来作导轨的刮研和测量的基准	-	

12. 查阅资料，小组讨论并制订机床导轨精度故障维修任务的工作计划。

序号	工作内容	完成时间	工作要求	备注
1	接受生产派工单		认真识读生产派工单，了解工作任务的具体要求	
2	查询相关资料		查阅机床导轨的有关知识，了解机床导轨精度故障	

评价与分析

学习活动过程评价表

班级		姓名		学号		日期	年　月　日
序号	评价要点				配分	得分	总评
1	能正确识读和填写生产派工单，明确任务要求				5		A□（86～100） B□（76～85） C□（60～75） D□（60 以下）
2	能查阅资料，了解 CA6140 型车床导轨的结构				5		
3	能熟悉导轨的类型及导轨的各种形状				10		
4	能参照国家标准，明确导轨的精度要求				5		
5	能写出导轨精度检验的方法和技术要求				10		
6	能明确导轨直线度、平行度误差的检测方法				10		
7	能使用框式水平仪检测导轨直线度误差				10		
8	能根据工作要求，对小组成员进行合理分工				10		
9	能列出机床导轨精度故障维修所需的工具、量具、检具清单				10		
10	能制订机床导轨精度故障维修的工作计划				10		
11	能遵守劳动纪律，以积极的态度接受工作任务				5		
12	能积极参与小组讨论，团队间相互合作				5		
13	能及时完成老师布置的任务				5		
总分					100		
小结 建议							

学习活动2　机床导轨精度故障维修

学习目标

1. 能查阅机床维修档案，摘录并分析维修记录，获取有效信息。

2. 能掌握机床导轨磨损的相关知识。

3. 能对机床导轨故障进行诊断，画出诊断流程图，找到故障点。

4. 能按照工艺文件和维修原则，通过小组讨论写出维修步骤。

5. 能对故障部位零部件和元器件进行修复或更换。

6. 能熟练掌握刮削基本技能，并对导轨副进行修复。

建议学时：36学时

学习过程

1. 查阅CA6140型车床维修档案，摘录机床维修记录，对其中涉及机床导轨故障的维修记录进行分析。

2. 查阅资料，罗列机床导轨精度常见故障现象，并写出故障原因。

故障现象	故障原因
导轨研伤	机床的润滑系统问题，导轨的润滑不到位

3. 机床导轨磨损是造成导轨精度故障的主要原因之一。机床导轨的磨损形式主要有磨粒磨损、黏着磨损、腐蚀磨损。

（1）查阅资料，完成下表的填写。

机床导轨磨损形式	定义	产生原因
磨粒磨损		
黏着磨损		
腐蚀磨损		

(2) 带照相机到实习工厂，拍摄机床导轨磨损的相关照片，并分析磨损类型。

照片	磨损类型

(贴照片处)	
(贴照片处)	
(贴照片处)	

4. 结合实际，分析机床导轨进行故障诊断所需的过程，画出诊断流程图。

5. 导轨副磨损后，应采用何种方法进行修复？分析各自的特点及适用场合。

修复方法	特点	适用场合
焊接		
粘接		
刷镀		
刮研		
精刨		
磨削		

6. 下图所示为常用卧式车床床身导轨的截面图，写出各部分的名称，并说明导轨副的形式及作用。

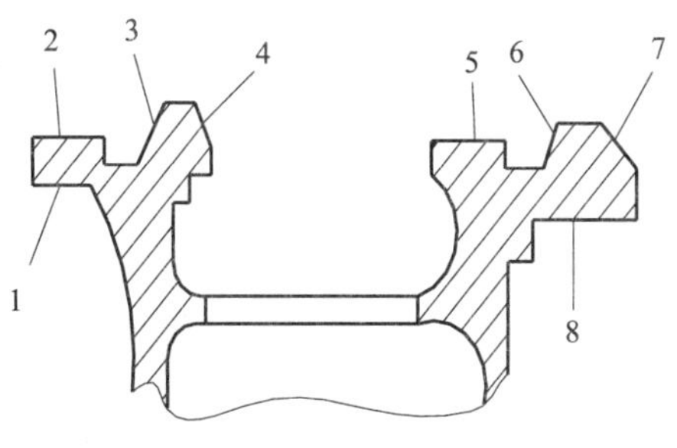

1 ____________　2 ____________

3 ____________　4 ____________

5 ____________　6 ____________

7 ____________　8 ____________

（1）写出导轨副的形式。

（2）写出导轨副的作用。

7. 导轨副修复通常采用刮削的方法进行。刮削是钳加工的基本技能之一，根据以前所学内容或查阅资料，回答下列问题。

（1）下图所示为常用的刮削工具，写出它们的名称。根据本任务要求你会采用哪一种刮削工具？为什么？

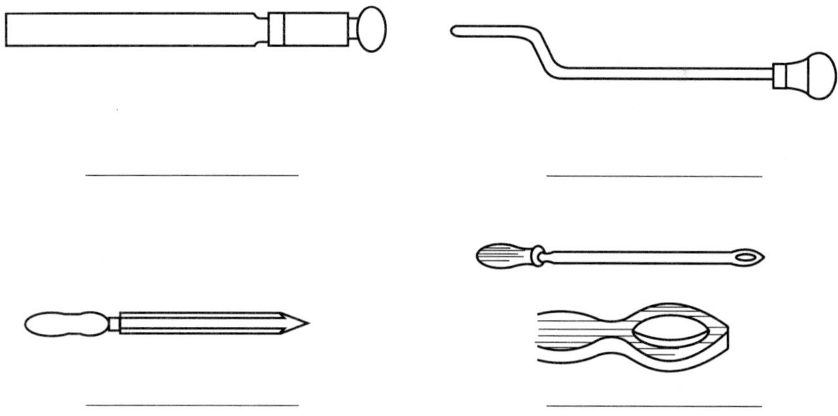

（2）刮削方法分为手刮法和挺刮法，机床导轨刮削适宜采用哪种方法，为什么？

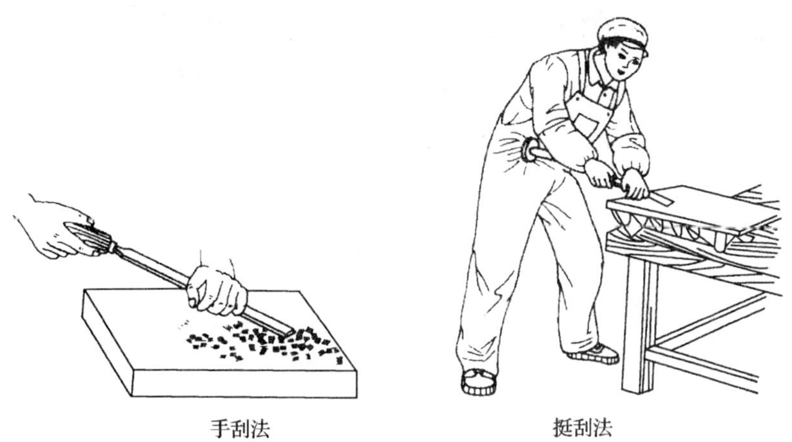

（3）床身导轨副导轨面较多，刮削时是否可以按下图所示数字顺序来进行，为什么？完成刮削步骤表格的填写。

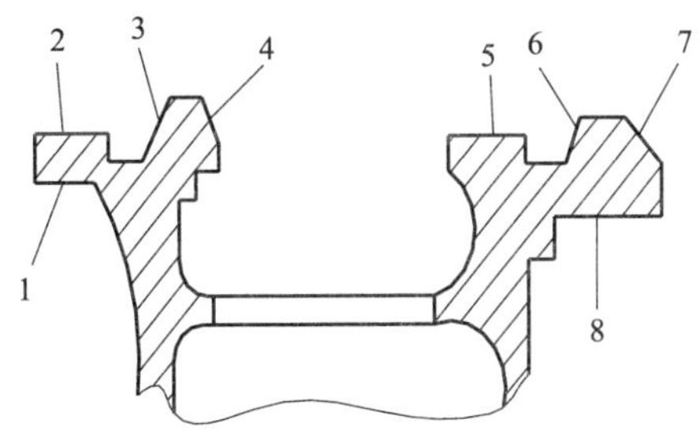

刮削序号	刮削导轨面	应保证的精度要求	工量具	备注
1				
2				
3				
4				
5				
6				

（4）参照下图，写出刮削机床导轨时的注意事项。

8．确定本任务的机床导轨精度故障维修步骤，拍摄步骤图片，并记录操作要点和注意事项。

步骤	维修内容	示例	操作要点	注意事项	工量刃具
1	清洁导轨，去毛刺倒棱				
2	检测导轨精度				

续表

步骤	维修内容	示例	操作要点	注意事项	工量刃具
3	刮削推研显点				
4	刮削导轨面				
5	研点检查	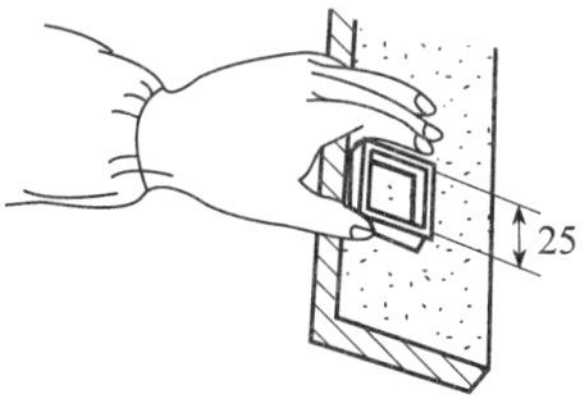 25			
6	其他项目检查				

评价与分析

学习活动过程评价表

班级		姓名		学号		日期	年 月 日
序号	评价要点				配分	得分	总评
1	能分析机床故障维修档案，获取有效信息				10		A□（86～100） B□（76～85） C□（60～75） D□（60 以下）
2	能指出机床导轨故障类型、现象及产生原因				10		
3	能掌握机床导轨磨损的形式及产生原因				10		
4	能进行故障诊断，画出诊断流程图				10		
5	能编制机床导轨故障维修工艺流程				10		
6	能写出机床导轨副的形式、作用、修复方法和特点				10		
7	能掌握机床导轨刮削的相关知识				10		
8	能完成机床导轨精度故障的维修				15		
9	能遵守劳动纪律，以积极的态度接受工作任务				5		
10	能积极参与小组讨论，团队间相互合作				5		
11	能及时完成老师布置的任务				5		
总分					100		
小结建议							

学习活动 3　任务验收、交付使用

学习目标

1. 能正确填写维修验收单，明确验收要求。
2. 能按照企业工作制度请操作人员验收。
3. 能根据检验数据，验收维修质量，并交付使用。

建议学时：10 学时

学习过程

1. 根据任务要求，熟悉维修验收单格式，并完成验收单的填写。

维修验收单			
维修项目	机床导轨精度故障维修		
维修单位			
维修时间节点			
验收日期			
验收项目及要求			
验收人			

2. 根据验收项目及要求，完成检测，并填写相关检验数据。

序号	检验项目	允差	实测	是否合格
1	导轨在铅垂平面内的直线度	在全长上为 0.02 mm，在任意 250 mm 测量长度上为 0.007 5 mm，只许凸起		
2	导轨在水平面内的直线度	在全长上为 0.02 mm，在任意 250 mm 测量长度上为 0.007 5 mm		
3	导轨的扭曲度	≤1 000∶0.02		
4	接触精度	4 点/（25 mm×25 mm）		
5	导轨的平行度	在全长上为 0.04 mm		
6	表面粗糙度	*Ra*1.6 μm 以下		
7	硬度	HB170 以上		

3. 根据上述验收数据，给出本次任务验收的结论。

4. 在精度检验过程中，如果检验结果超出允差值，应该如何处理？

5. 使用维修后的 CA6140 型车床车削下图所示工件，并检验工件圆柱度公差是否合格。若不合格，应该如何处理？

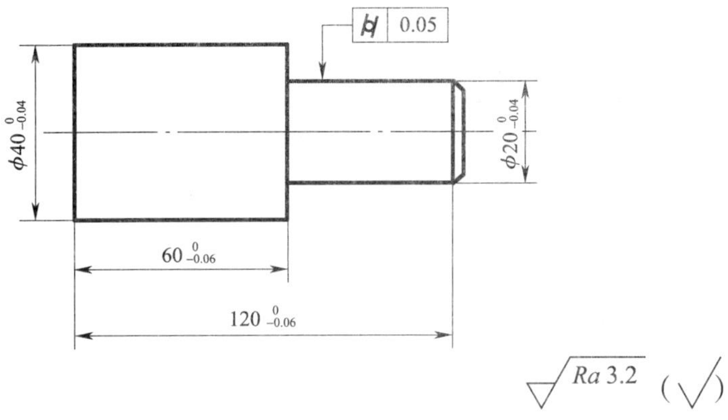

6. 验收结束后，按照 6S 管理要求规整场地，并完成下列表格的填写。

	名称	自我评价	做得较好的方面	做得不满意的方面	改进措施
1	整理（SEIRI）				
2	整顿（SEITON）				
3	清扫（SEISO）				
4	清洁（SEIKETSU）				
5	素养（SHITSUKE）				
6	安全（SECURITY）				

评价与分析

学习活动过程评价表

班级		姓名		学号		日期	年 月 日
序号	评价要点				配分	得分	总评
1	能正确填写维修验收单				10		A□（86～100） B□（76～85） C□（60～75） D□（60 以下）
2	能说出验收项目的要求				10		
3	能根据验收项目进行检验，并记录相关数据				20		
4	能判断检验项目是否合格，并给出总体验收结论				10		
5	若检验结果存在误差，能正确分析并处理				15		
6	能按照 6S 管理要求清理场地				10		
7	能使用维修后的车床车削相关零件，检验零件几何精度是否符合要求，判断维修是否合格				10		
8	能遵守劳动纪律，以积极的态度接受工作任务				5		
9	能积极参与小组讨论，团队间相互合作				5		
10	能及时完成老师布置的任务				5		
总分					100		
小结建议							

学习活动4　工作总结与评价

学习目标

1. 能按分组情况，分别派代表展示工作成果，说明本次任务的完成情况，并作分析总结。

2. 能结合自身任务完成情况，正确规范撰写工作总结（心得体会）。

3. 能就本次任务中出现的问题，提出改进措施。

4. 能对学习与工作进行反思总结，并能与他人开展良好合作，进行有效的沟通。

建议学时：4学时

学习过程

一、展示评价（个人、小组评价）

每个人先在组里进行经验交流与成果展示，再由小组推荐代表作必要的介绍。在交流的过程中，以组为单位进行评价；评价完成后，根据其他组成员对本组故障维修的评价意见进行归纳总结。完成如下项目：

1. 交流的经验是否符合生产实际？

符合□　　　　基本符合□　　　　不符合□

2. 与其他组相比，本小组设计的维修工艺如何？

工艺优化□　　　　工艺合理□　　　　工艺一般□

3. 本小组介绍经验时表达是否清晰？

很好□　　　　一般，常补充□　　　　不清晰□

4. 本小组演示时，维修操作是否正确？

正确□　　部分正确□　　不正确□

5. 本小组演示操作时遵循了“6S”的工作要求吗？

符合工作要求□　　忽略了部分要求□　　完全没有遵循□

6. 本小组的成员团队创新精神如何？

良好□　　一般□　　不足□

二、自评总结（心得体会）

三、教师评价

1. 找出各组的优点进行点评。
2. 对展示过程中各组的缺点进行点评，提出改进方法。
3. 对整个任务完成中出现的亮点和不足进行点评。

评价与分析

学习任务六总体评价表

班级：__________　　姓名：__________　　学号：________

<table>
<tr><th rowspan="3">项目</th><th colspan="3">自我评价</th><th colspan="3">小组评价</th><th colspan="3">教师评价</th></tr>
<tr><th>10 ~ 9</th><th>8 ~ 6</th><th>5 ~ 1</th><th>10 ~ 9</th><th>8 ~ 6</th><th>5 ~ 1</th><th>10 ~ 9</th><th>8 ~ 6</th><th>5 ~ 1</th></tr>
<tr><th colspan="3">占总评 10%</th><th colspan="3">占总评 30%</th><th colspan="3">占总评 60%</th></tr>
<tr><td>学习活动 1</td><td></td><td></td><td></td><td></td><td></td><td></td><td></td><td></td><td></td></tr>
<tr><td>学习活动 2</td><td></td><td></td><td></td><td></td><td></td><td></td><td></td><td></td><td></td></tr>
<tr><td>学习活动 3</td><td></td><td></td><td></td><td></td><td></td><td></td><td></td><td></td><td></td></tr>
<tr><td>学习活动 4</td><td></td><td></td><td></td><td></td><td></td><td></td><td></td><td></td><td></td></tr>
<tr><td>协作精神</td><td></td><td></td><td></td><td></td><td></td><td></td><td></td><td></td><td></td></tr>
<tr><td>纪律观念</td><td></td><td></td><td></td><td></td><td></td><td></td><td></td><td></td><td></td></tr>
<tr><td>表达能力</td><td></td><td></td><td></td><td></td><td></td><td></td><td></td><td></td><td></td></tr>
<tr><td>工作态度</td><td></td><td></td><td></td><td></td><td></td><td></td><td></td><td></td><td></td></tr>
<tr><td>安全意识</td><td></td><td></td><td></td><td></td><td></td><td></td><td></td><td></td><td></td></tr>
<tr><td>任务总体表现</td><td></td><td></td><td></td><td></td><td></td><td></td><td></td><td></td><td></td></tr>
<tr><td>小计</td><td colspan="3"></td><td colspan="3"></td><td colspan="3"></td></tr>
<tr><td>总评</td><td colspan="9"></td></tr>
</table>

任课教师：________　年　月　日

学习任务七　螺旋传动机构故障维修

学习目标

1. 能接受维修任务，明确任务要求，写出小组成员、工作地点、维修对象、维修时间，初步了解故障现象，服从工作安排。

2. 能通过耐心细致的有效沟通，记录操作人员反映的信息，通过小组讨论，提取有效信息，充分了解故障现象。

3. 能查阅设备维修档案，摘录并分析设备的维修记录，正确获取设备的工作年限、故障出现频率等有效信息。

4. 能按照工艺文件和维修原则，通过小组讨论写出维修步骤。

5. 能正确选择维修工具、检验量具、辅助工具、维修辅料、标识牌等，并列出工量具清单。

6. 能正确安放标识牌，做好场地安全防护措施，穿戴好劳保防护用品。

7. 能掌握螺旋传动机构的工作原理及结构特点，对故障部位零部件进行拆卸，明确需要修复、更换的零部件和元器件，合理制订修复方案。

8. 能通过对螺旋传动机构零部件的修复、更换、调整，完成机床精度和功能恢复，使故障排除。

9. 能按照企业工作制度请操作人员验收，交付使用，并填写维修记录。

10. 能清理场地，归置物品，并按照环保规定处置废油液等废弃物。

11. 能写出完成此项任务的工作小结。

建议学时

40 学时

工作情境描述

某车间工作人员在使用 CA6140 型车床过程中，发现车床刀架移动不灵活，旋转时产生振动，车削螺纹质量下降。操作者通过排查发现故障原因与横向溜板进给机构有关，机构中的螺旋传动部分在使用中磨损或损坏，从而对车床工作造成影响。由于生产任务时间紧，车间把维修任务交给了我们小组，要求在 1 周左右时间内对螺旋传动机构进行维修，以恢复其精度和功能。

工作流程与活动

维修人员在接受维修任务后，到现场与操作人员沟通，勘察故障现象，查阅设备维修档案，进行故障诊断，明确故障点；故障确认后制定维修步骤，做好维修前的准备工作；在维修过程中，通过对螺旋传动机构零部件进行修复、更换、调整，来完成故障排除；故障排除后请操作人员验收，合格后交付使用，并填写维修记录；最后，撰写工作小结，采用不同形式进行经验交流。在工作过程中严格遵守起吊、搬运、用电、消防等安全规程要求，按照现场管理规范清理场地，归置物品，并按照环保规定处置废油液等废弃物。

学习活动 1　接受工作任务、制订维修计划（8 学时）

学习活动 2　螺旋传动机构故障维修（24 学时）

学习活动 3　任务验收、交付使用（4 学时）

学习活动 4　工作总结与评价（4 学时）

设备结构图

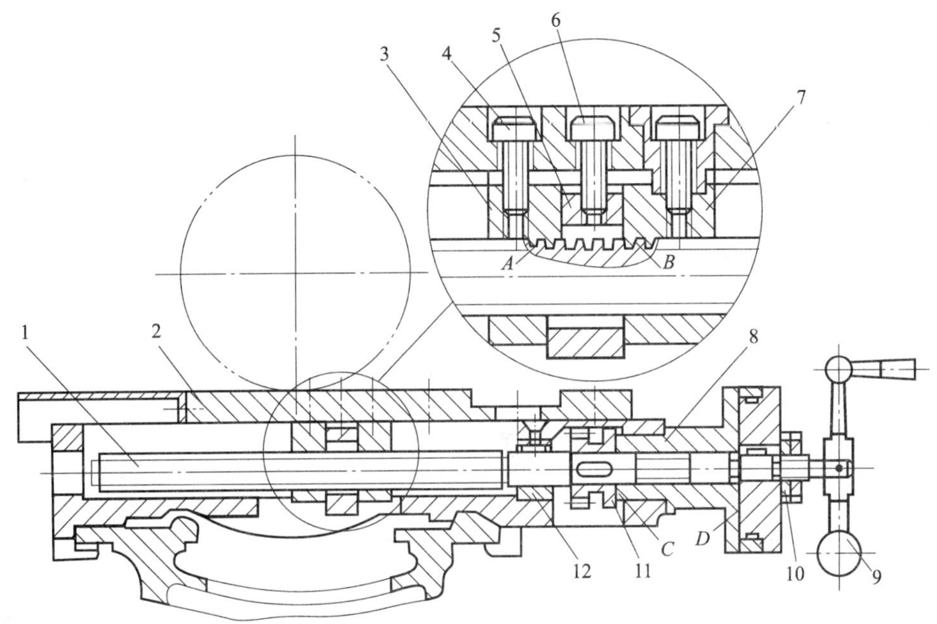

横向溜板进给机构结构图

1—丝杠　2—横向溜板　3、7、10—螺母　4—紧固螺钉　5—楔块

6—螺钉　8、12—滑动轴承　9—手柄　11—齿轮

学习活动1　接受工作任务、制订维修计划

学习目标

1. 能识读生产派工单，接受机床横向溜板进给机构故障维修工作任务，明确任务要求。

2. 能查阅资料，了解螺旋传动机构的相关知识。

3. 能正确选择螺旋传动机构故障维修工具、检验量具、辅助工具，并列出工、量具清单。

4. 能制订螺旋传动机构故障维修的工作计划。

建议学时：8 学时

学习过程

1. 仔细阅读下面的生产派工单，按照生产派工单提供的基本信息，查阅相关资料，明确工作任务的内容和要求。随着学习活动的展开，逐项填写生产派工单中的空白项目内容，完成学习任务。

生产派工单

单号：________　开单部门：________　开单人：________

开单时间：____年___月___日___时___分　接单人：____部____小组____（签名）

以下由开单人填写

工作任务	螺旋传动机构故障维修	完成工时	40 工时
工作任务要求	完成 CA6140 型车床横向溜板进给机构的故障修复，装配时参照螺旋机构的装配技术要求进行		

续表

<table>
<tr><td colspan="5">以下由接单人和确认方填写</td></tr>
<tr><td>领取材料
（含消耗品）</td><td colspan="2"></td><td rowspan="2">成本核算</td><td rowspan="2">金额合计：

仓管员（签名）

年　月　日</td></tr>
<tr><td>领用工具</td><td colspan="2"></td></tr>
<tr><td>操作者
检测</td><td colspan="2"></td><td colspan="2">（签名）

年　月　日</td></tr>
<tr><td>班组
检测</td><td colspan="2"></td><td colspan="2">（签名）

年　月　日</td></tr>
<tr><td>质检员
检测</td><td colspan="2"></td><td colspan="2">（签名）

年　月　日</td></tr>
<tr><td rowspan="4">生产数量
统计</td><td>合格</td><td colspan="3"></td></tr>
<tr><td>不良</td><td colspan="3"></td></tr>
<tr><td>返修</td><td colspan="3"></td></tr>
<tr><td>报废</td><td colspan="3"></td></tr>
</table>

2. 仔细阅读 CA6140 型车床的使用说明书，查阅相关资料，完成下列问题。

（1）写出横向溜板进给机构在车床中的主要功用。

（2）到车间拍摄 CA6140 型车床横向溜板进给机构的相关照片贴在下列空白处，对照照片，说明横向溜板进给机构各组成零部件的名称及作用。

3. 螺旋传动是利用螺杆和螺母的啮合来传递动力和运动的机械传动，主要是将旋转运动转换成直线运动（见下图）。写出横向溜板进给机构中螺旋传动机构的工作原理。

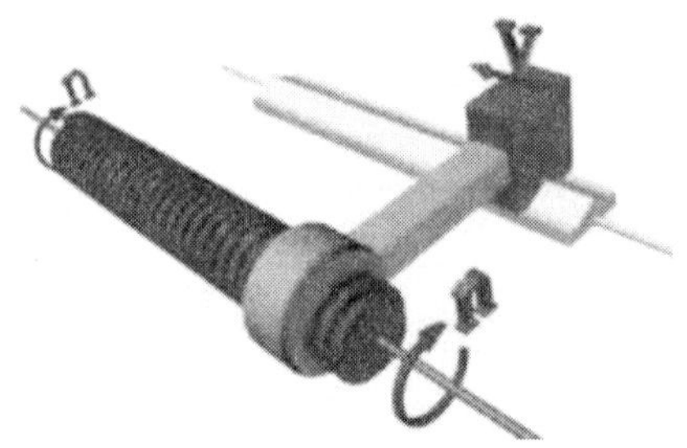

4. 查阅相关资料，写出螺旋传动机构的特点及应用。

5. 丝杠螺母副的配合间隙包括________和__________两种，其中________间隙直接影响丝杠螺母副的传动精度。

6. 进给丝杠应有轴向间隙消除机构，指出下图中常用的消除机构的名称，并说出CA6140型车床横向溜板进给机构中采用了哪种消隙机构?

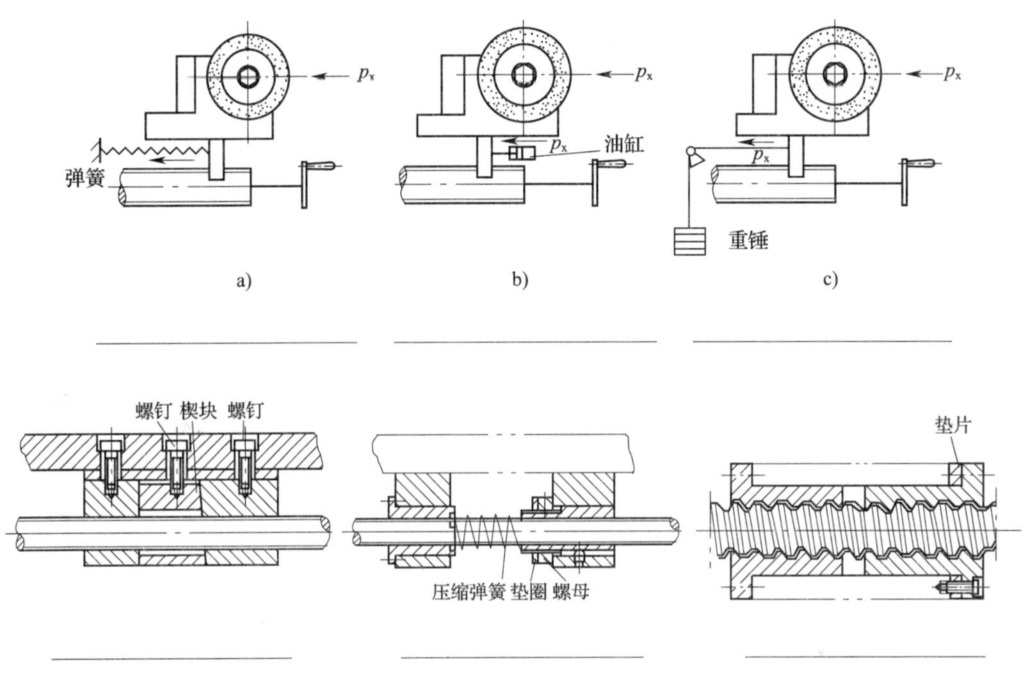

CA6140型车床横向溜板进给机构采用了哪种消隙机构：

7. 根据任务要求，对现有小组成员进行合理分工，并填写分工表。

序号	组员姓名	组员分工	备注

8．列出横向溜板进给机构故障维修所需的工具、量具、检具清单。

序号	名称	图示	主要功用	精度	备注
1	百分表	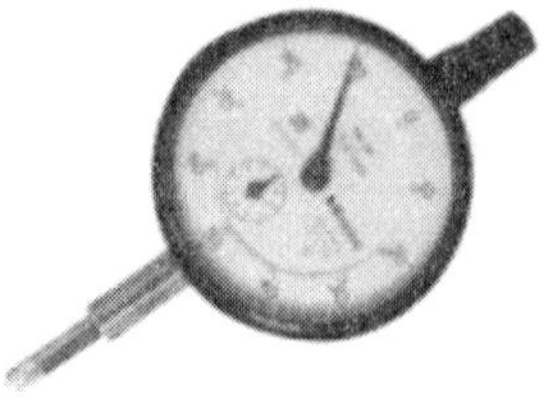			
2	测力扳手				

9. 查阅资料，小组讨论并制订车床横向溜板进给机构故障维修任务的工作计划。

序号	工作内容	完成时间	工作要求	备注
1	接受生产派工单		认真识读生产派工单，了解工作任务的具体要求	
2	查询相关资料		查阅车床横向溜板进给机构的有关知识，了解螺旋传动机构故障	

评价与分析

学习活动过程评价表

<table>
<tr><td>班级</td><td></td><td>姓名</td><td></td><td>学号</td><td></td><td>日期</td><td>年 月 日</td></tr>
<tr><td>序号</td><td colspan="5">评价要点</td><td>配分</td><td>得分</td><td>总评</td></tr>
<tr><td>1</td><td colspan="5">能正确识读和填写生产派工单，明确任务要求</td><td>10</td><td></td><td rowspan="11">A□（86～100）
B□（76～85）
C□（60～75）
D□（60 以下）</td></tr>
<tr><td>2</td><td colspan="5">能查阅资料，写出横向溜板进给机构的功用及组成</td><td>10</td><td></td></tr>
<tr><td>3</td><td colspan="5">能写出螺旋传动机构的特点及应用</td><td>10</td><td></td></tr>
<tr><td>4</td><td colspan="5">能熟悉丝杠螺母副的配合间隙及消隙机构</td><td>10</td><td></td></tr>
<tr><td>5</td><td colspan="5">能根据工作要求，对小组成员进行合理分工</td><td>10</td><td></td></tr>
<tr><td>6</td><td colspan="5">能列出螺旋传动机构故障维修所需的工具、量具、检具清单</td><td>15</td><td></td></tr>
<tr><td>7</td><td colspan="5">能制订横向溜板进给机构故障维修的工作计划</td><td>20</td><td></td></tr>
<tr><td>8</td><td colspan="5">能遵守劳动纪律，以积极的态度接受工作任务</td><td>5</td><td></td></tr>
<tr><td>9</td><td colspan="5">能积极参与小组讨论，团队间相互合作</td><td>5</td><td></td></tr>
<tr><td>10</td><td colspan="5">能及时完成老师布置的任务</td><td>5</td><td></td></tr>
<tr><td colspan="6">总分</td><td>100</td><td></td></tr>
<tr><td>小结
建议</td><td colspan="8"></td></tr>
</table>

学习活动2　螺旋传动机构故障维修

学习目标

1. 能查阅机床维修档案，摘录并分析维修记录，获取有效信息。

2. 能熟悉螺旋传动机构故障现象及故障原因。

3. 能对横向溜板进给机构故障进行诊断，画出诊断流程图，找到故障点。

4. 能按照工艺文件和维修原则，通过小组讨论写出维修步骤。

5. 能对故障部位零部件和元器件进行修复或更换。

建议学时：24 学时

学习过程

1. 查阅机床维修档案，摘录横向溜板进给机构维修记录，对其中涉及螺旋传动机构故障的维修记录进行分析。

2. 螺旋传动机构中的丝杠是其重要零部件之一，丝杠的回转精度是指丝杠的径向跳动和轴向窜动的大小，其精度的好坏直接影响螺旋传动的平稳性。写出丝杠常见故障的原因及修复方式。

故障形式	故障原因	修复方式
丝杠螺纹磨损		
丝杠轴颈磨损		
丝杠弯曲变形		

3. 结合实例，说明螺旋传动机构容易产生的故障形式有哪几种?

4. 丝杠螺母副的配合间隙包括径向间隙和轴向间隙两种，其中径向间隙直接影响丝杠螺母副的传动精度。根据下图写出使用百分表测量丝杠螺母副径向间隙的方法和注意事项，并说明径向间隙的调整方法。

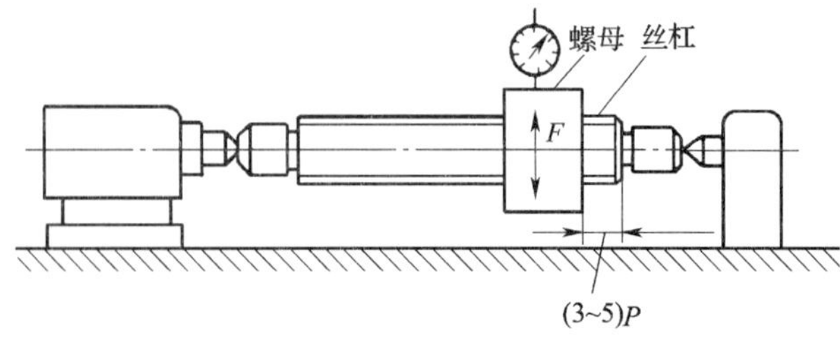

（1）写出用百分表测量径向间隙的方法和注意事项。

（2）写出径向间隙的调整方法。

5. 参照横向溜板进给机构轴向间隙消除机构图（自查），说明丝杠螺母副是如何消除轴向间隙的。

6. 丝杠弯曲变形时可对它进行校直，通常采用下图所示的丝杠校直机对丝杠进行校直。查阅相关资料，说明弯曲的丝杠是如何校直的。

7. 结合实际，分析机床横向溜板进给机构进行故障诊断所需的过程，画出诊断流程图。

8．确定螺旋传动机构故障维修的步骤，拍摄步骤图片，并记录操作要点和注意事项。

步骤	维修内容	示例	操作要点	注意事项	工量刃具
1	熟悉横向溜板进给机构装配图				
2	确定装拆工具				
3	拆方刀架				

评价与分析

学习活动过程评价表

<table>
<tr><td>班级</td><td></td><td>姓名</td><td></td><td>学号</td><td></td><td>日期</td><td>年　月　日</td></tr>
<tr><td>序号</td><td colspan="4">评价要点</td><td>配分</td><td>得分</td><td>总评</td></tr>
<tr><td>1</td><td colspan="4">能分析机床故障维修档案，获取有效信息</td><td>5</td><td></td><td rowspan="12">A□（86～100）
B□（76～85）
C□（60～75）
D□（60 以下）</td></tr>
<tr><td>2</td><td colspan="4">能明确丝杠常见故障的原因及修复方式</td><td>5</td><td></td></tr>
<tr><td>3</td><td colspan="4">能调整丝杠螺母副的径向间隙</td><td>10</td><td></td></tr>
<tr><td>4</td><td colspan="4">能用双螺母消隙机构调整丝杠螺母副的轴向间隙</td><td>10</td><td></td></tr>
<tr><td>5</td><td colspan="4">能对弯曲的丝杠进行校直</td><td>10</td><td></td></tr>
<tr><td>6</td><td colspan="4">能对横向溜板进给机构故障进行诊断</td><td>10</td><td></td></tr>
<tr><td>7</td><td colspan="4">能确定横向溜板进给机构故障的维修步骤</td><td>15</td><td></td></tr>
<tr><td>8</td><td colspan="4">能对故障部位零部件和元器件进行修复或更换</td><td>20</td><td></td></tr>
<tr><td>9</td><td colspan="4">能遵守劳动纪律，以积极的态度接受工作任务</td><td>5</td><td></td></tr>
<tr><td>10</td><td colspan="4">能积极参与小组讨论，团队间相互合作</td><td>5</td><td></td></tr>
<tr><td>11</td><td colspan="4">能及时完成老师布置的任务</td><td>5</td><td></td></tr>
<tr><td colspan="5">总分</td><td>100</td><td></td></tr>
<tr><td>小结
建议</td><td colspan="7"></td></tr>
</table>

学习活动3　任务验收、交付使用

学习目标

1. 能正确填写维修验收单，明确验收要求。
2. 能按照企业工作制度请操作人员验收。
3. 能根据检验数据，验收维修质量，并交付使用。

建议学时：4学时

学习过程

1. 根据任务要求，熟悉维修验收单格式，并完成验收单的填写。

维修验收单			
维修项目	CA6140型车床横向溜板进给机构（螺旋传动机构）维修		
维修单位			
维修时间节点			
验收日期			
验收项目及要求			
验收人			

2. 根据验收项目及要求，完成检测，并填写相关检验数据。

序号	验收项目	验收要求	验收结果	存在问题
1	丝杠螺母径向间隙			
2	丝杠螺母轴向间隙			
3	丝杠螺母同轴度			

3. 根据验收项目及要求，完成检测后，给出本次任务验收的结论。

4. 使用维修后的 CA6140 型车床车削下图所示螺纹，并检验螺纹加工精度，若产生误差应该如何处理?

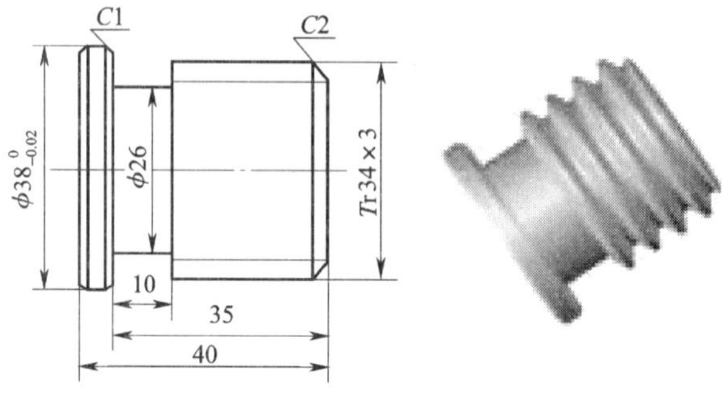

5．验收结束后，按照 6S 管理要求规整场地，并完成下列表格的填写。

序号	名称	自我评价	做得较好的方面	做得不满意的方面	改进措施
1	整理（SEIRI）				
2	整顿（SEITON）				
3	清扫（SEISO）				
4	清洁（SEIKETSU）				
5	素养（SHITSUKE）				
6	安全（SECURITY）				

评价与分析

学习活动过程评价表

班级		姓名		学号		日期	年　月　日
序号	评价要点				配分	得分	总评
1	能正确填写维修验收单				10		A□（86～100） B□（76～85） C□（60～75） D□（60 以下）
2	能说出验收项目的要求				10		
3	能根据验收项目进行检验，并记录相关数据				20		
4	能判断检验项目是否合格，并给出总体验收结论				10		
5	若检验结果存在误差，能正确分析并处理				10		
6	能按照 6S 管理要求清理场地				10		
7	能使用维修后的车床车削相关零件，检验零件几何精度是否符合要求，判断维修是否合格				10		
8	能遵守劳动纪律，以积极的态度接受工作任务				10		
9	能积极参与小组讨论，团队间相互合作				5		
10	能及时完成老师布置的任务				5		
总分					100		
小结建议							

学习活动4 工作小总结与评价

学习目标

1. 能按分组情况，分别派代表展示工作成果，说明本次任务的完成情况，并作分析总结。

2. 能结合自身任务完成情况，正确规范撰写工作总结（心得体会）。

3. 能就本次任务中出现的问题，提出改进措施。

4. 能对学习与工作进行反思总结，并能与他人开展良好合作，进行有效的沟通。

建议学时：4 学时

学习过程

一、展示评价（个人、小组评价）

每个人先在组里进行经验交流与成果展示，再由小组推荐代表作必要的介绍。在交流的过程中，以组为单位进行评价；评价完成后，根据其他组成员对本组故障维修的评价意见进行归纳总结。完成如下项目：

1. 交流的经验是否符合生产实际？

符合□　　基本符合□　　不符合□

2. 与其他组相比，本小组设计的维修工艺如何？

工艺优化□　　工艺合理□　　工艺一般□

3. 本小组介绍经验时表达是否清晰？

很好□　　一般，常补充□　　不清晰□

4. 本小组演示时，维修操作是否正确?

正确□　　部分正确□　　不正确□

5. 本小组演示操作时遵循了“6S”的工作要求吗?

符合工作要求□　　忽略了部分要求□　　完全没有遵循□

6. 本小组的成员团队创新精神如何?

良好□　　一般□　　不足□

二、自评总结（心得体会）

三、教师评价

1. 找出各组的优点进行点评。
2. 对展示过程中各组的缺点进行点评，提出改进方法。
3. 对整个任务完成中出现的亮点和不足进行点评。

评价与分析

学习任务七总体评价表

班级：__________ 姓名：__________ 学号：________

项目	自我评价			小组评价			教师评价		
	10～9	8～6	5～1	10～9	8～6	5～1	10～9	8～6	5～1
	占总评 10%			占总评 30%			占总评 60%		
学习活动 1									
学习活动 2									
学习活动 3									
学习活动 4									
协作精神									
纪律观念									
表达能力									
工作态度									
安全意识									
任务总体表现									
小计									
总评									

任课教师：________ 年 月 日

学习任务八　轴承故障维修

学习目标

1. 能接受维修任务，明确任务要求，写出小组成员、工作地点、维修对象、维修时间，初步了解故障现象，服从工作安排。

2. 能通过耐心细致的有效沟通，记录操作人员反映的信息，通过小组讨论，提取有效信息充分了解故障现象。

3. 能查阅设备维修档案，摘录并分析设备的维修记录，正确获取设备的工作年限、故障出现频率等有效信息。

4. 能按照工艺文件和维修原则，通过小组讨论写出维修步骤。

5. 能正确选择维修工具、检验量具、辅助工具、维修辅料、标识牌等，并列出工量具清单。

6. 能正确安放标识牌，做好场地安全防护措施，穿戴好劳保防护用品。

7. 能掌握轴承的工作原理及结构特点。

8. 能对轴承进行拆卸，并通过更换或修复来排除故障。

9. 能按照企业工作制度请操作人员验收，交付使用，并填写维修记录。

10. 能清理场地，归置物品，并按照环保规定处置废油液等废弃物。

11. 能写出完成此项任务的工作小结。

建议学时

60 学时

工作情境描述

某生产人员在使用 CA6140 型车床加工零件时，发现车床产生异常振动，造成车削外圆和端面时表面质量差，有波纹。经操作者排查发现故障原因与车床主轴箱轴承有关，主轴轴承故障是影响振动的原因之一。为了不影响车床加工质量，必须对车床主轴箱的轴承进行故障维修。现车间把维修任务交给我们小组，要求在2周左右时间内完成该任务。

工作流程与活动

维修人员在接受维修任务后，到现场与操作人员沟通，勘察故障现象，查阅机床维修档案，进行轴承故障诊断，明确故障点；故障确认后制定维修步骤，做好维修前的准备工作；在维修过程中，能对轴承进行拆卸，并通过更换或修复来排除故障；故障排除后请操作人员验收，合格后交付使用，并填写维修记录；最后，撰写工作小结，采用不同形式进行经验交流。在工作过程中严格遵守起吊、搬运、用电、消防等安全规程要求，按照现场管理规范清理场地，归置物品，并按照环保规定处置废油液等废弃物。

学习活动1　接受工作任务、制订维修计划（10学时）

学习活动2　轴承故障维修（36学时）

学习活动3　任务验收、交付使用（10学时）

学习活动4　工作总结与评价（4学时）

设备结构图

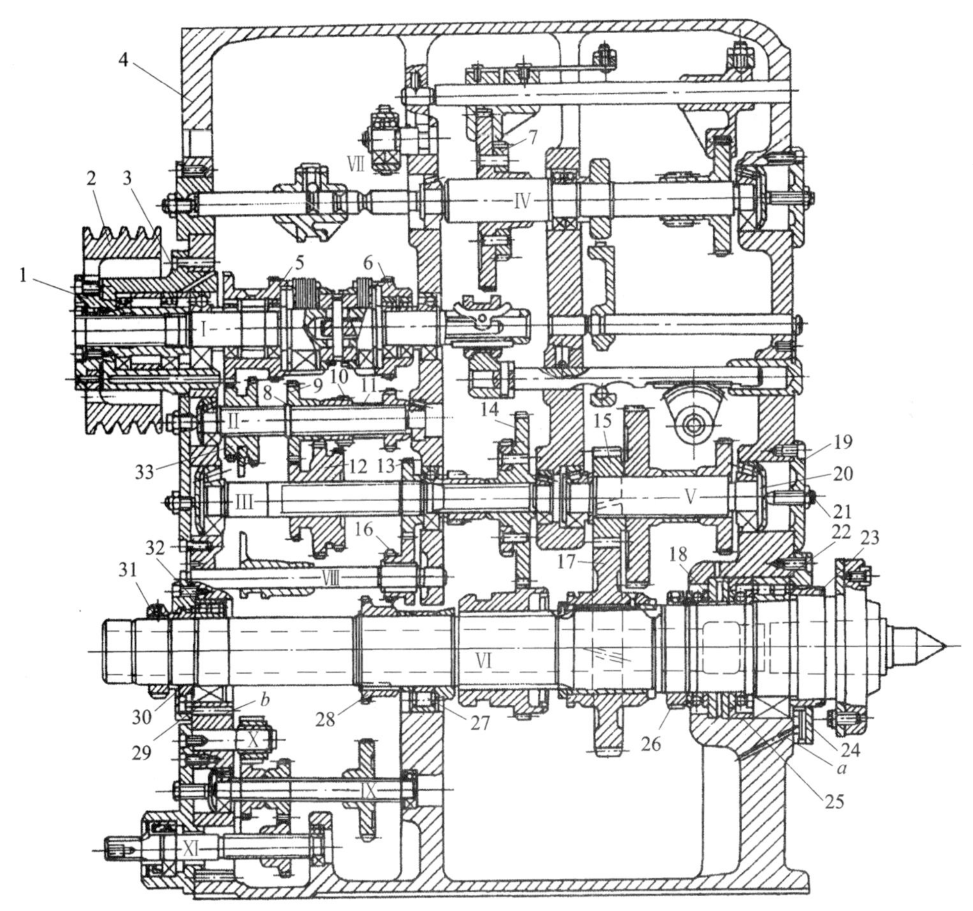

车床主轴箱展开图

1—花键套　2—带轮　3—法兰盘　4—主轴箱体　5—双联空套齿轮　6—空套齿轮　7、33—双联滑移齿轮　8—半圆环　9、10、13、28—固定齿轮　11、25—隔套　12—三联滑移齿轮　14—双联固定齿轮　15、17—斜齿轮　16—双联空套齿轮　18—双列推力向心轴承　19—盖板　20—轴承压盖　21—调整螺钉　22、32—双列短圆柱滚子轴承　23、26、31—螺母　24、29—轴承端盖　27—向心短圆柱滚子轴承　30—套筒

学习活动1　接受工作任务、制订维修计划

学习目标

1. 能识读生产派工单，接受主轴箱轴承故障维修工作任务，明确任务要求。

2. 能查阅资料，熟悉轴承的分类及应用。

3. 能查阅资料，熟悉轴承的工作原理及结构特点。

4. 能正确选择轴承故障维修工具、检验量具、辅助工具，并列出工、量具清单。

5. 能制订机床主轴箱轴承故障维修的工作计划。

建议学时：10 学时

学习过程

1. 仔细阅读下面的生产派工单，按照生产派工单提供的基本信息，查阅相关资料，明确工作任务的内容和要求。随着学习活动的展开，逐项填写生产派工单中的空白项目内容，完成学习任务。

生产派工单

单号：________　开单部门：________　开单人：________

开单时间：____年____月____日____时____分　接单人：____部____小组____（签名）

以下由开单人填写

工作任务	轴承故障维修	完成工时	60 工时

续表

<table>
<tr><td>工作任务要求</td><td colspan="4">完成 CA6140 型车床主轴箱轴承故障的修复，达到加工精度要求</td></tr>
<tr><td colspan="5">以下由接单人和确认方填写</td></tr>
<tr><td>领取材料（含消耗品）</td><td colspan="2"></td><td rowspan="2">成本核算</td><td rowspan="2">金额合计：
仓管员（签名）
年　月　日</td></tr>
<tr><td>领用工具</td><td colspan="2"></td></tr>
<tr><td>操作者检测</td><td colspan="2"></td><td colspan="2">（签名）
年　月　日</td></tr>
<tr><td>班组检测</td><td colspan="2"></td><td colspan="2">（签名）
年　月　日</td></tr>
<tr><td>质检员检测</td><td colspan="2"></td><td colspan="2">（签名）
年　月　日</td></tr>
<tr><td rowspan="4">生产数量统计</td><td>合格</td><td colspan="3"></td></tr>
<tr><td>不良</td><td colspan="3"></td></tr>
<tr><td>返修</td><td colspan="3"></td></tr>
<tr><td>报废</td><td colspan="3"></td></tr>
</table>

统计：　　　　审核：　　　　批准：

2. 仔细阅读 CA6140 型车床的使用说明书，查阅相关资料，完成下列问题。

（1）车床主轴箱是用于安装____________ 并使其实现____________ 、__________ 和__________ 的部件。因此，主轴箱中通常包含__________ 及其________ 、__________ ，以及________ 、________ 、__________ 和__________ 等。

（2）查阅相关资料，说出车床主轴箱中各零部件的名称及功用。

3. 轴承是用来支承________ 的部件，有时也用来支承轴上的____________ 。轴承种类很多，按工作元件间摩擦性质分，有__________ 轴承和__________ 轴承。

按滑动轴承的结构来分，有整体式、剖分式、内柱外锥式和内锥外柱式等，对照下图，写出它们的结构形式及特点。

a)

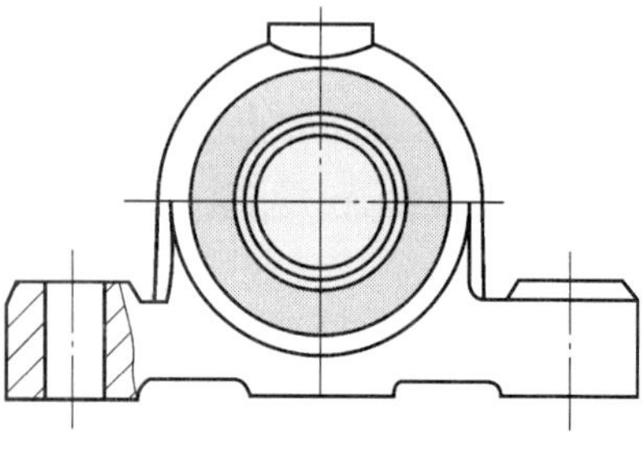

b)

a）____

b）____

4. 对照下图，写出滚动轴承的主要组成部分的名称。

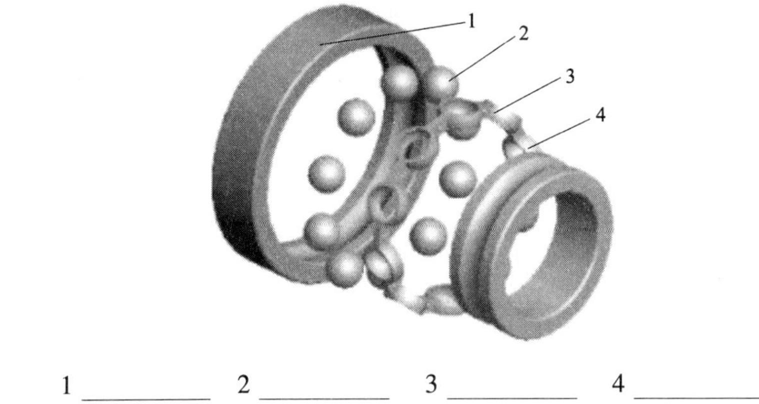

1 ________　2 ________　3 ________　4 ________

5. 查阅资料，写出下图中各轴承的名称，并分析其受载情况。

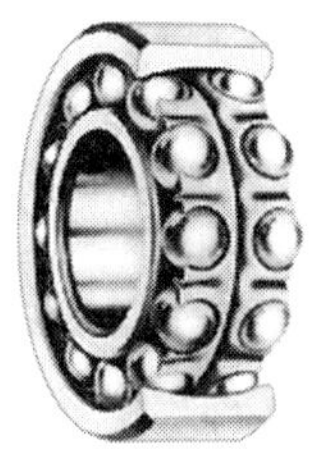 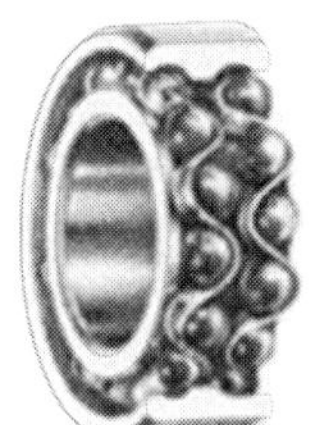   

a)（　　　　）　b)（　　　　）　c)（　　　　）　d)（　　　　）　e)（　　　　）

分析轴承的受载情况：

承受轴向载荷的轴承有 ________、________、________、________。

承受径向载荷的轴承有 ________、________、________、________。

6. 对照车床主轴箱展开图，指出相关轴承的名称及位置。

7. 查阅相关资料，结合实例说明滑动轴承和滚动轴承的工作原理。

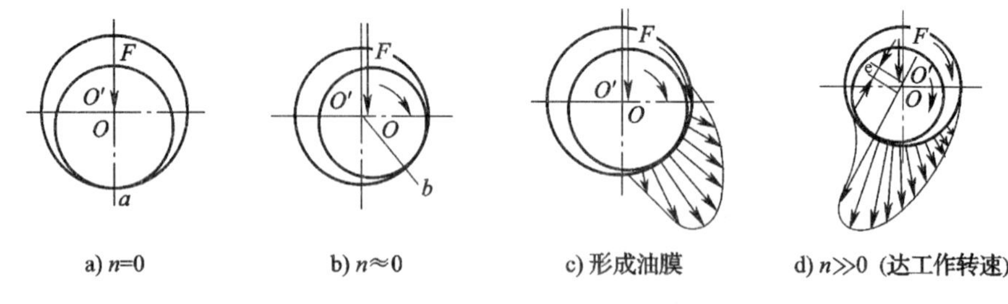

滑动轴承工作原理图

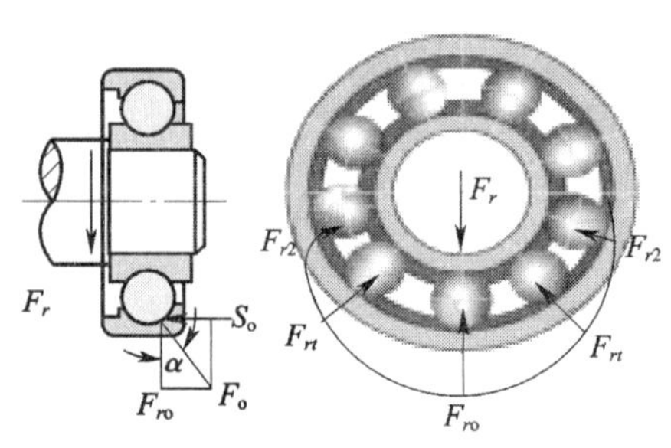

滚动轴承工作原理图

8. 根据任务要求，对现有小组成员进行合理分工，并填写分工表。

序号	组员姓名	组员分工	备注

9. 列出轴承故障维修所需的工具、量具、检具清单。

序号	名称	主要功用	精度	备注
1	铜棒			
2	滚动轴承拉出器			

10. 查阅资料，小组讨论并制订轴承故障维修任务的工作计划。

序号	工作内容	完成时间	工作要求	备注
1	接受生产派工单		认真识读生产派工单，了解工作任务的具体要求	
2	查询相关资料		查阅轴承的相关知识，了解轴承的故障形式	

评价与分析

学习活动过程评价表

<table>
<tr><td>班级</td><td></td><td>姓名</td><td></td><td>学号</td><td></td><td>日期</td><td>年 月 日</td></tr>
<tr><td>序号</td><td colspan="5">评价要点</td><td>配分</td><td>得分</td><td>总评</td></tr>
<tr><td>1</td><td colspan="5">能正确识读和填写生产派工单，明确任务要求</td><td>10</td><td></td><td rowspan="11">A□（86～100）
B□（76～85）
C□（60～75）
D□（60 以下）</td></tr>
<tr><td>2</td><td colspan="5">能查阅资料，熟悉车床主轴箱的结构特点</td><td>10</td><td></td></tr>
<tr><td>3</td><td colspan="5">能熟悉滑动轴承和滚动轴承的相关知识</td><td>10</td><td></td></tr>
<tr><td>4</td><td colspan="5">能熟悉主轴箱中轴承的类型及应用</td><td>15</td><td></td></tr>
<tr><td>5</td><td colspan="5">能根据工作要求，对小组成员进行合理分工</td><td>10</td><td></td></tr>
<tr><td>6</td><td colspan="5">能列出轴承故障维修所需的工具、量具、检具清单</td><td>10</td><td></td></tr>
<tr><td>7</td><td colspan="5">能制订轴承故障维修的工作计划</td><td>20</td><td></td></tr>
<tr><td>8</td><td colspan="5">能遵守劳动纪律，以积极的态度接受工作任务</td><td>5</td><td></td></tr>
<tr><td>9</td><td colspan="5">能积极参与小组讨论，团队间相互合作</td><td>5</td><td></td></tr>
<tr><td>10</td><td colspan="5">能及时完成老师布置的任务</td><td>5</td><td></td></tr>
<tr><td colspan="6">总分</td><td>100</td><td></td></tr>
<tr><td>小结
建议</td><td colspan="8"></td></tr>
</table>

学习活动2　轴承故障维修

学习目标

1. 能查阅机床维修档案，摘录并分析维修记录，获取有效信息。

2. 能查阅资料，熟悉轴承游隙和轴承预紧的相关知识。

3. 能掌握轴承的装拆方法。

4. 能按照工艺文件和维修原则，通过小组讨论写出维修步骤。

5. 能正确判断轴承运转中出现的故障，并及时更换或修复轴承。

建议学时：36学时

学习过程

1. 机械零件经过长期使用就会磨损或损坏，造成设备的工作性能、精度和效率降低。为了其恢复使用性能，必须进行修理和更换。通过查阅维修档案，分析轴承产生的故障通常是采用修理还是更换的方式进行修复，并写出依据。

2. 对于滑动轴承中轴瓦的材料，要求其应具有良好的________、________和抗胶合性，以及足够的__________、易跑合、易加工等性能。查阅资料，写出轴瓦的常用材料。

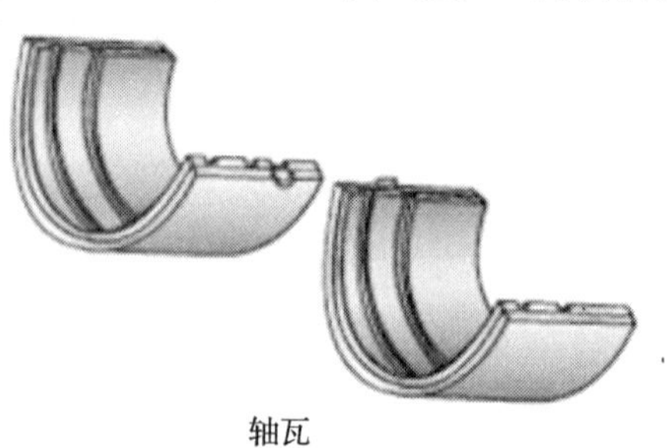

轴瓦

3. 滚动轴承的游隙是指在一个套圈固定的情况下，另一个套圈沿径向或轴向的最大活动量（见下图）。查阅资料，写出游隙大小对轴承的影响。

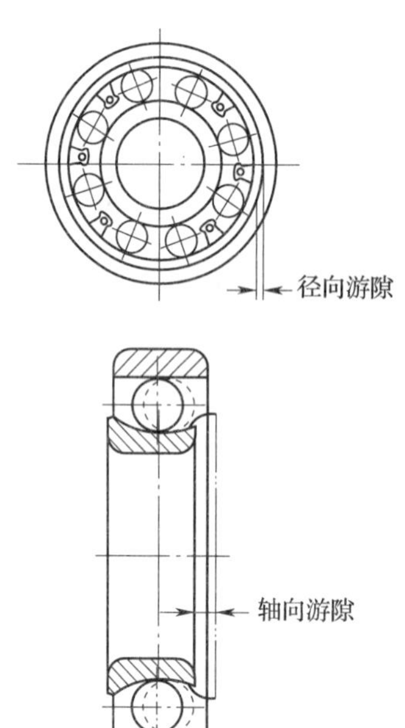

4. 如下图所示，轴承预紧是在装配轴承时，给轴承的内圈或外圈施加一个轴向力，以消除轴向游隙，并使滚动体与内外圈接触处产生初始弹性变形。车床主轴箱的轴承是如何预紧的？写出其工作原理。

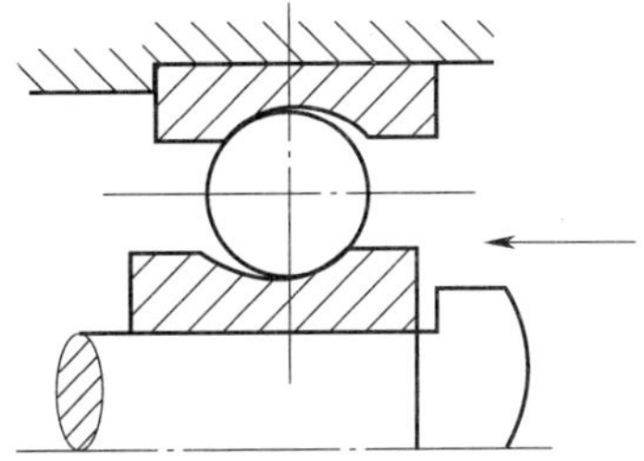

5. 查阅资料，说明滑动轴承和滚动轴承的拆装步骤，并说明拆装过程中有哪些注意事项。

6. 查阅资料，写出滑动轴承常见故障产生的原因及维修方法。

故障特征	产生原因	维修方法
磨损及刮伤		
胶合		
疲劳破裂		
拉毛		
变形		
穴蚀		

7. 查阅资料，写出滚动轴承常见故障产生的原因及维修方法。

故障特征	产生原因	维修方法
轴承声响异常		
轴承内外圈裂纹		
轴承金属剥落		

续表

故障特征	产生原因	维修方法
轴承表面有点蚀麻坑		
轴承咬死、刮伤		
轴承磨损		

8．滚动轴承损坏后一般不进行修复，这是为什么？若在某些情况下，从解决生产急需和节约角度出发，需修复旧轴承，这时应采用何种修复方法？

9．确定本任务的轴承故障维修步骤，拍摄步骤图片，并记录操作要点和注意事项。

步骤	维修内容	示例	操作要点	注意事项	工量刃具
1	拆下主轴箱外部结构				

续表

步骤	维修内容	示例	操作要点	注意事项	工量刃具
2	拆卸主轴端盖				
3	拆下主轴				
4	取下主轴轴承并检验				
5	更换或修复轴承				
6	完成主轴箱的装配				

评价与分析

学习活动过程评价表

班级		姓名		学号		日期	年　月　日
序号	评价要点				配分	得分	总评
1	能分析机床故障维修档案，获取有效信息				10		A□（86～100） B□（76～85） C□（60～75） D□（60 以下）
2	能写出常用轴瓦的材料				10		
3	能写出轴承游隙对轴承的影响				10		
4	能写出轴承预紧的方法及工作原理				10		
5	能明确滑动轴承故障产生的原因及维修方法				10		
6	能明确滚动轴承故障产生的原因及维修方法				10		
7	能正确拆装滑动轴承和滚动轴承				10		
8	能完成主轴箱轴承故障的维修				15		
9	能遵守劳动纪律，以积极的态度接受工作任务				5		
10	能积极参与小组讨论，团队间相互合作				5		
11	能及时完成老师布置的任务				5		
总分					100		
小结 建议							

学习活动3　任务验收、交付使用

学习目标

1. 能正确填写维修验收单，明确验收要求。
2. 能按照企业工作制度请操作人员验收。
3. 能根据检验数据，验收维修质量，并交付使用。

建议学时：10 学时

学习过程

1. 根据任务要求，完成验收单的填写。

维修验收单			
维修项目	轴承故障维修		
维修单位			
维修时间节点			
验收日期			
验收项目及要求			
验收人			

2. 根据验收项目及要求，完成检测，并填写相关检验数据。

序号	检验项目	检验要求	检验结果	存在问题
1	轴承的尺寸精度	轴承的内径和外径的检查		
2	轴套的形状精度	圆度和圆柱度误差		
3	轴承的旋转精度			
4	轴承的游隙			
5	轴承旋转灵活性			

3. 查阅相关资料，说明轴承精度检测中应注意哪些问题。

4. 如下图所示，写出用百分表检查轴套内圆度、圆柱度误差的步骤和注意事项。

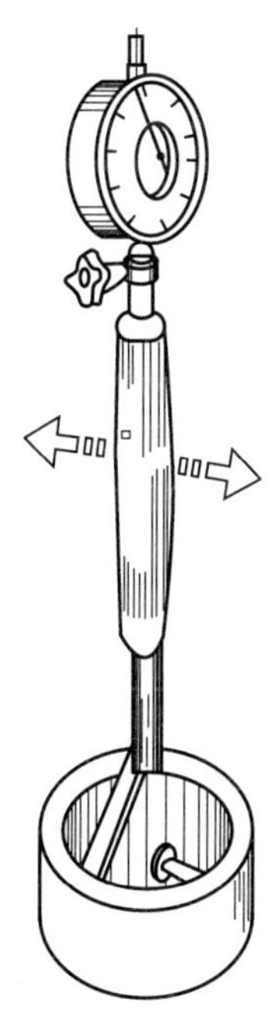

5. 下图所示为推力球轴承的装配图，说明装配该轴承时应注意哪些问题。

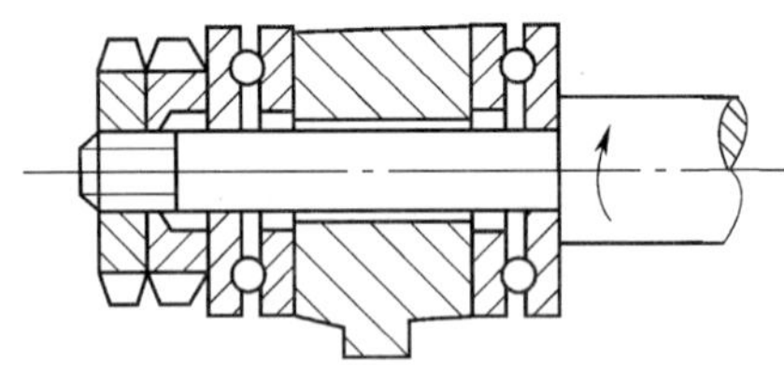

6. 在实际生产中，良好的润滑和密封对轴承的使用有什么帮助?

7. 验收结束后，按照6S管理要求规整场地，并完成下列表格的填写。

序号	名称	自我评价	做得较好的方面	做得不满意的方面	改进措施
1	整理（SEIRI）				
2	整顿（SEITON）				
3	清扫（SEISO）				
4	清洁（SEIKETSU）				
5	素养（SHITSUKE）				
6	安全（SECURITY）				

评价与分析

学习活动过程评价表

<table>
<tr><td>班级</td><td></td><td>姓名</td><td></td><td>学号</td><td></td><td>日期</td><td>年　月　日</td></tr>
<tr><td>序号</td><td colspan="4">评价要点</td><td>配分</td><td>得分</td><td>总评</td></tr>
<tr><td>1</td><td colspan="4">能正确填写维修验收单</td><td>10</td><td></td><td rowspan="10">A□（86～100）
B□（76～85）
C□（60～75）
D□（60 以下）</td></tr>
<tr><td>2</td><td colspan="4">能说出验收项目的要求</td><td>15</td><td></td></tr>
<tr><td>3</td><td colspan="4">能根据验收项目进行检验，并记录相关数据</td><td>25</td><td></td></tr>
<tr><td>4</td><td colspan="4">能按企业工作制度请操作人员验收，并交付使用</td><td>15</td><td></td></tr>
<tr><td>5</td><td colspan="4">能了解轴承润滑和密封的相关知识</td><td>10</td><td></td></tr>
<tr><td>6</td><td colspan="4">能按照 6S 管理要求清理场地</td><td>10</td><td></td></tr>
<tr><td>7</td><td colspan="4">能遵守劳动纪律，以积极的态度接受工作任务</td><td>5</td><td></td></tr>
<tr><td>8</td><td colspan="4">能积极参与小组讨论，团队间相互合作</td><td>5</td><td></td></tr>
<tr><td>9</td><td colspan="4">能及时完成老师布置的任务</td><td>5</td><td></td></tr>
<tr><td colspan="5">总分</td><td>100</td><td></td></tr>
<tr><td>小结
建议</td><td colspan="7"></td></tr>
</table>

学习活动4　工作总结与评价

学习目标

1. 能按分组情况，分别派代表展示工作成果，说明本次任务的完成情况，并作分析总结。

2. 能结合自身任务完成情况，正确规范撰写工作总结（心得体会）。

3. 能就本次任务中出现的问题，提出改进措施。

4. 能对学习与工作进行反思总结，并能与他人开展良好合作，进行有效的沟通。

建议学时：4学时

学习过程

一、展示评价（个人、小组评价）

每个人先在组里进行经验交流与成果展示，再由小组推荐代表作必要的介绍。在交流的过程中，以组为单位进行评价；评价完成后，根据其他组成员对本组故障维修的评价意见进行归纳总结。完成如下项目：

1. 交流的经验是否符合生产实际？

符合□　　　　基本符合□　　　　不符合□

2. 与其他组相比，本小组设计的维修工艺如何？

工艺优化□　　　　工艺合理□　　　　工艺一般□

3. 本小组介绍经验时表达是否清晰？

很好□　　　　一般，常补充□　　　　不清晰□

4. 本小组演示时，维修操作是否正确?

正确□　　部分正确□　　不正确□

5. 本小组演示操作时遵循了“6S”的工作要求吗?

符合工作要求□　　忽略了部分要求□　　完全没有遵循□

6. 本小组的成员团队创新精神如何?

良好□　　一般□　　不足□

二、自评总结（心得体会）

三、教师评价

1. 找出各组的优点进行点评。
2. 对展示过程中各组的缺点进行点评，提出改进方法。
3. 对整个任务完成中出现的亮点和不足进行点评。

评价与分析

学习任务八总体评价表

班级：＿＿＿＿＿　　姓名：＿＿＿＿＿　　学号：＿＿＿＿

项目	自我评价			小组评价			教师评价		
	10 ~ 9	8 ~ 6	5 ~ 1	10 ~ 9	8 ~ 6	5 ~ 1	10 ~ 9	8 ~ 6	5 ~ 1
	占总评 10%			占总评 30%			占总评 60%		
学习活动 1									
学习活动 2									
学习活动 3									
学习活动 4									
协作精神									
纪律观念									
表达能力									
工作态度									
安全意识									
任务总体表现									
小计									
总评									

任课教师：＿＿＿＿　年　月　日

学习任务九　蜗轮蜗杆传动机构故障维修

学习目标

1. 能接受维修任务，明确任务要求，写出小组成员、工作地点、维修对象、维修时间，初步了解故障现象，服从工作安排。

2. 能通过耐心细致的有效沟通，记录操作人员反映的信息，通过小组讨论，提取有效信息，充分了解故障现象。

3. 能查阅设备维修档案，摘录并分析设备的维修记录，正确获取设备的工作年限、故障出现频率等有效信息。

4. 能对蜗轮蜗杆传动机构运转中出现的问题进行分析，通过小组讨论，对故障加以诊断。

5. 能按照工艺文件和维修原则，通过小组讨论写出维修步骤。

6. 能正确选择维修工具、检验量具、辅助工具、维修辅料、标识牌等，并列出工量具清单。

7. 能正确安放标识牌，做好场地安全防护措施，穿戴好劳保防护用品。

8. 能掌握蜗轮蜗杆的工作原理及结构特点，对故障部位零部件进行拆装，并能修复或更换损坏的零部件。

9. 能按照企业工作制度请操作人员验收，交付使用，并填写维修记录。

10. 能清理场地，归置物品，并按照环保规定处置废油液等废弃物。

11. 能写出完成此项任务的工作小结。

建议学时

60 学时

工作情境描述

某车间操作人员在用机床设备进行加工的过程中，发现机床设备中的减速机构有异常振动。为了使加工不受影响，操作人员对故障进行了排查，通过排查发现故障的原因与减速机中的蜗轮蜗杆传动机构有关。为了能尽快修复故障，现车间把维修任务交给了我们小组，要求在2周左右时间内对减速机蜗轮蜗杆传动机构进行维修，以恢复其精度和功能。

工作流程与活动

维修人员在接受维修任务后，到现场与操作人员沟通，勘察故障现象，查阅设备维修档案，进行故障诊断，明确故障点；故障确认后制定维修步骤，做好维修前的准备工作；在维修过程中，通过对蜗轮蜗杆的修复，来完成故障排除；故障排除后请操作人员验收，合格后交付使用，并填写维修记录；最后，撰写工作小结，采用不同形式进行经验交流。在工作过程中严格遵守起吊、搬运、用电、消防等安全规程要求，按照现场管理规范清理场地，归置物品，并按照环保规定处置废油液等废弃物。

学习活动1　接受工作任务、制订维修计划（10学时）

学习活动2　蜗轮蜗杆传动机构故障维修（36学时）

学习活动3　任务验收、交付使用（10学时）

学习活动4　工作总结与评价（4学时）

设备结构图

减速机构外形图

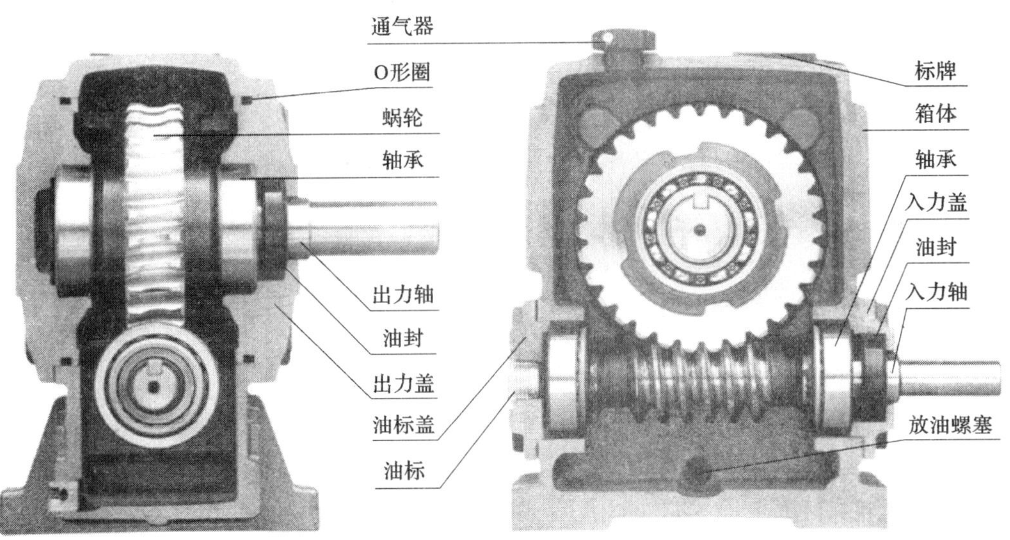

减速机构内部结构图

学习活动1 接受工作任务、制订维修计划

学习目标

1. 能填写生产派工单，接受蜗轮蜗杆机构故障维修工作任务，明确任务要求。

2. 能查阅资料，了解蜗轮蜗杆传动机构的特点及工作原理。

3. 能查阅资料，了解蜗轮蜗杆选材方面的知识。

4. 能正确选择蜗轮蜗杆传动机构故障维修工具、检验量具、辅助工具，并列出工、量具清单。

5. 能制订蜗轮蜗杆传动机构故障维修的工作计划。

建议学时：10学时

学习过程

1. 仔细阅读下面的生产派工单，按照生产派工单提供的基本信息，查阅相关资料，明确工作任务的内容和要求。随着学习活动的展开，逐项填写生产派工单中的空白项目内容，完成学习任务。

生 产 派 工 单

单号：________ 开单部门：________ 开单人：________

开单时间：____年____月____日____时____分 接单人：______部______小组__________（签名）

续表

<table>
<tr><td colspan="5">以下由开单人填写</td></tr>
<tr><td>工作任务</td><td>蜗轮蜗杆传动机构故障维修</td><td>完成工时</td><td colspan="2">60 工时</td></tr>
<tr><td>工作任务要求</td><td colspan="4">完成减速机中蜗轮蜗杆传动机构故障的维修，达到装配精度要求</td></tr>
<tr><td colspan="5">以下由接单人和确认方填写</td></tr>
<tr><td>领取材料
（含消耗品）</td><td colspan="2"></td><td rowspan="2">成本核算</td><td rowspan="2">金额合计：
仓管员（签名）
年　月　日</td></tr>
<tr><td>领用工具</td><td colspan="2"></td></tr>
<tr><td>操作者
检测</td><td colspan="2"></td><td colspan="2">（签名）
年　月　日</td></tr>
<tr><td>班组
检测</td><td colspan="2"></td><td colspan="2">（签名）
年　月　日</td></tr>
<tr><td>质检员
检测</td><td colspan="2"></td><td colspan="2">（签名）
年　月　日</td></tr>
<tr><td rowspan="4">生产数量
统计</td><td>合格</td><td colspan="3"></td></tr>
<tr><td>不良</td><td colspan="3"></td></tr>
<tr><td>返修</td><td colspan="3"></td></tr>
<tr><td>报废</td><td colspan="3"></td></tr>
</table>

统计：　　　　　　　　审核：　　　　　　　　批准：

2. 减速机是一种动力传送机构，是利用齿轮的速度转换器，将电动机（马达）的回转数减速到所需的回转数，并得到较大转矩的机构。减速机已广泛应用在机械传动、交通工具及日常生活中。查阅相关资料，写出减速机的常见类型及应用场合。

3. 下图所示为蜗轮蜗杆减速机的实体图，查阅相关资料，说明蜗轮蜗杆减速机的特点和工作原理。

（1）写出蜗轮蜗杆减速机的特点。

（2）写出蜗轮蜗杆减速机的工作原理。

4．下图所示为蜗轮蜗杆传动的示意图，图上标注的序号 1 代表__________，序号 2 代表__________，主动件是__________。结合实际谈谈，同样是啮合传动，蜗轮蜗杆传动为何不能用齿轮传动来代替？

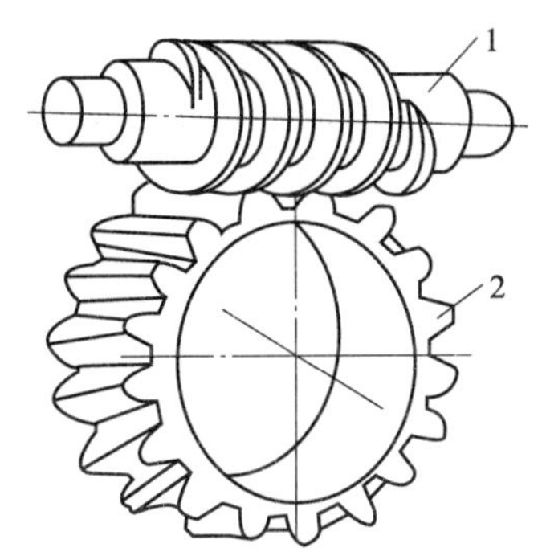

5. 试判断下图中蜗轮、蜗杆的回转方向或螺旋方向。

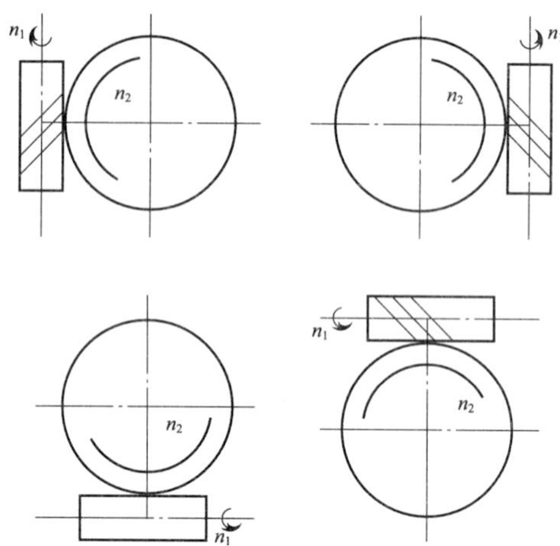

6. 蜗轮和蜗杆的材料要有一定的强度，还要有良好的减摩性、耐磨性和抗胶合能力。查阅资料，写出蜗轮、蜗杆的常用材料及热处理方式。

（1）写出蜗轮常用材料及热处理方式。

（2）写出蜗杆常用材料及热处理方式。

7. 根据任务要求，对现有小组成员进行合理分工，并填写分工表。

序号	组员姓名	组员分工	备注

8. 列出蜗轮蜗杆传动机构故障维修所需的工具、量具、检具清单。

序号	名称	图示	主要功用	备注
1	成套呆扳手			
2	木锤			

9. 查阅资料，小组讨论并制订蜗轮蜗杆传动机构故障维修任务的工作计划。

序号	工作内容	完成时间	工作要求	备注
1	接受生产派工单		认真识读生产派工单，了解工作任务的具体要求	
2	查询相关资料		查阅蜗轮蜗杆传动机构的相关知识，了解蜗轮蜗杆传动机构故障	

评价与分析

学习活动过程评价表

<table>
<tr><td>班级</td><td></td><td>姓名</td><td></td><td>学号</td><td></td><td>日期</td><td>年　月　日</td></tr>
<tr><td>序号</td><td colspan="5">评价要点</td><td>配分</td><td>得分</td><td>总评</td></tr>
<tr><td>1</td><td colspan="5">能正确识读并填写生产派工单，明确任务要求</td><td>5</td><td></td><td rowspan="13">A□（86～100）
B□（76～85）
C□（60～75）
D□（60 以下）</td></tr>
<tr><td>2</td><td colspan="5">能查阅资料，了解减速机的类型及应用特点</td><td>5</td><td></td></tr>
<tr><td>3</td><td colspan="5">能写出蜗轮蜗杆减速机的特点及工作原理</td><td>10</td><td></td></tr>
<tr><td>4</td><td colspan="5">能熟悉蜗轮蜗杆传动的结构及应用场合</td><td>10</td><td></td></tr>
<tr><td>5</td><td colspan="5">能正确分析蜗轮、蜗杆的回转方向及螺旋方向</td><td>10</td><td></td></tr>
<tr><td>6</td><td colspan="5">能了解蜗轮、蜗杆常用材料及热处理方式</td><td>10</td><td></td></tr>
<tr><td>7</td><td colspan="5">能根据工作要求，对小组成员进行合理分工</td><td>10</td><td></td></tr>
<tr><td>8</td><td colspan="5">能列出蜗轮蜗杆传动机构故障维修所需的工具、量具、检具清单</td><td>10</td><td></td></tr>
<tr><td>9</td><td colspan="5">能制订蜗轮蜗杆传动机构故障维修的工作计划</td><td>15</td><td></td></tr>
<tr><td>10</td><td colspan="5">能遵守劳动纪律，以积极的态度接受工作任务</td><td>5</td><td></td></tr>
<tr><td>11</td><td colspan="5">能积极参与小组讨论，团队间相互合作</td><td>5</td><td></td></tr>
<tr><td>12</td><td colspan="5">能及时完成老师布置的任务</td><td>5</td><td></td></tr>
<tr><td colspan="6">总分</td><td>100</td><td></td></tr>
<tr><td>小结
建议</td><td colspan="8"></td></tr>
</table>

学习活动2　蜗轮蜗杆传动机构故障维修

学习目标

1. 能查阅机床维修档案，摘录并分析维修记录，获取有效信息。

2. 能掌握蜗轮蜗杆磨损的相关知识。

3. 能明确蜗轮蜗杆传动机构的装配技术要求。

4. 能按照工艺文件和维修原则，通过小组讨论写出维修步骤。

5. 能对故障部位零部件和元器件进行修复或更换。

建议学时　36学时

学习过程

1. 蜗轮蜗杆传动是齿轮传动的一种特殊形式，蜗轮蜗杆的失效形式与齿轮传动相似，故障多为磨损造成的。一般来说，蜗轮的强度较弱，失效总是在蜗轮上发生，且蜗轮轮齿的磨损要比齿轮轮齿严重得多，这是由于啮合处的相对滑动较大所致。

查阅资料，完成下表的填写，并通过分析写出减速机中蜗轮蜗杆故障产生的原因及维修方法。

图例	名称	产生原因	维修方法
	齿面胶合		

续表

图例	名称	产生原因	维修方法
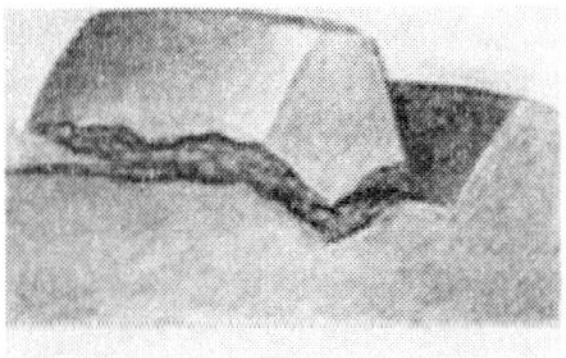			

2. 查阅减速机维修档案，摘录减速机维修记录，对其中涉及蜗轮蜗杆传动故障的维修记录进行分析。

3．查阅相关资料，写出蜗轮蜗杆传动机构的装配技术要求。

4．在装配蜗轮蜗杆传动机构时，为何要先装蜗轮再装蜗杆?

5．为了确保蜗杆传动机构的装配要求，通常是先对蜗杆箱体上蜗杆轴孔中心线与蜗轮轴孔中心线间的中心距和垂直度进行检验，然后再进行装配，回答下列问题。

（1）结合下图，写出对箱体孔中心距的检验方法。

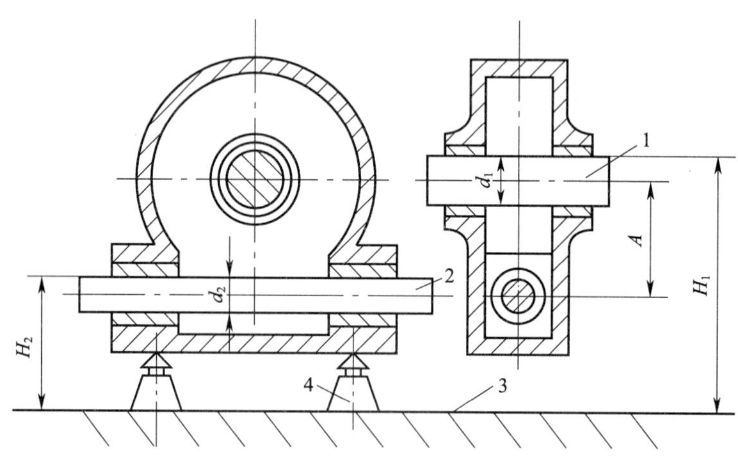

蜗杆轴孔与蜗轮轴孔中心距的检验

1、2—心轴　3—平板　4—千斤顶

(2) 结合下图，写出对箱体孔轴心线间垂直度的检验方法。

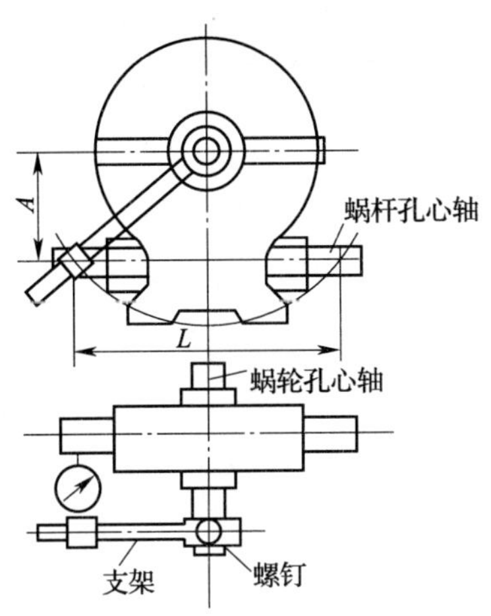

6. 蜗轮蜗杆传动机构的故障修理方法大都是更换新的蜗杆，而普通蜗轮可采用修整的方法来修理，查阅相关资料，写出蜗轮修整的方法有哪几种?

7. 确定蜗轮蜗杆传动机构故障维修步骤，拍摄步骤图片，并记录操作要点和注意事项。

步骤	维修内容	示例	操作要点	注意事项	工量刃具
1	熟悉减速器结构，准备维修工具				
2	拆卸蜗轮减速器				
3	检查蜗轮蜗杆				

评价与分析

学习活动过程评价表

班级		姓名		学号		日期	年　月　日
序号	评价要点				配分	得分	总评
1	能通过分析维修记录，获取相关信息				5		A□（86～100） B□（76～85） C□（60～75） D□（60 以下）
2	能明确蜗轮蜗杆传动机构故障的原因及维修方法				10		
3	能明确蜗轮蜗杆传动机构的装配技术要求				10		
4	能对蜗轮蜗杆传动机构进行正确的拆装				15		
5	能对蜗杆与蜗轮轴线之间的相互位置精度进行检验				15		
6	能确定蜗轮蜗杆传动机构故障的维修步骤				20		
7	能对故障部位零部件和元器件进行修复或更换				10		
8	能遵守劳动纪律，以积极的态度接受工作任务				5		
9	能积极参与小组讨论，团队间相互合作				5		
10	能及时完成老师布置的任务				5		
总分					100		
小结 建议							

学习活动3　任务验收、交付使用

学习目标

1. 能正确填写维修验收单，明确验收要求。
2. 能按照企业工作制度请操作人员验收。
3. 能根据检验数据，验收维修质量，并交付使用。

建议学时：10学时

学习过程

1. 根据任务要求，完成验收单的填写。

维修验收单			
维修项目	蜗轮蜗杆传动机构故障维修		
维修单位			
维修时间节点			
验收日期			
验收项目及要求			
验收人			

2. 将蜗轮、蜗杆装入箱体后，首先要用________ 来检验蜗杆与蜗轮的相互位置，以及啮合的接触斑点。将________涂在________上，给________ 以轻微阻尼，转动蜗杆，根据蜗轮轮齿上的痕迹判断啮合质量。正确的接触斑点位置应在________________（在下图中选出正确图例）。

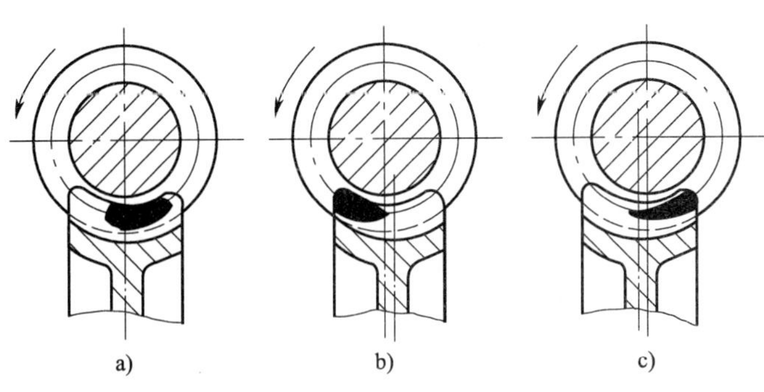

接触斑点的位置

3. 上图中，若接触斑点不在规定位置应如何调整？

4. 查阅资料，写出何谓齿侧间隙，以及它对传动精度的影响。在蜗轮蜗杆传动机构装配技术要求中，对侧隙是如何规定的？

5．对照下图，写出蜗轮蜗杆传动系统中，侧隙的检测工具及检查方法。

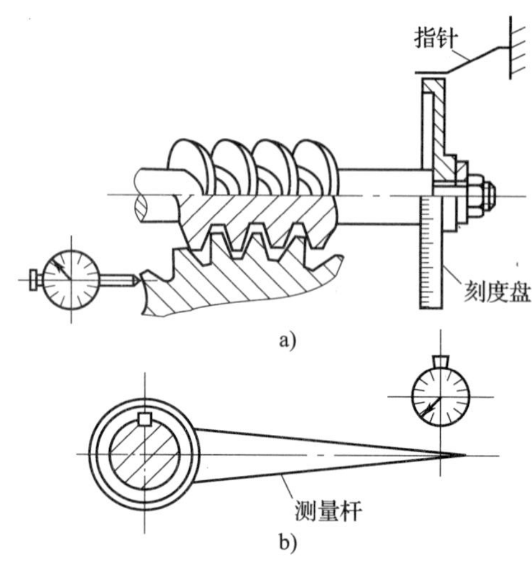

（1）检测工具包括：

（2）检查方法：

6. 根据验收项目及要求，完成检测，并填写相关检验数据。

序号	检验项目	检验要求	检验结果	是否合格
1	蜗杆箱体	箱体孔中心距的检验		
		箱体孔轴心线间垂直度的检验		
2	蜗轮的轴向位置	接触斑点		
3	齿侧间隙	百分表测量		
4	机构转动灵活性			

若上述检测结果存在问题，应如何进行处理？

7. 验收结束后，按照6S管理要求规整场地，并完成下列表格的填写。

序号	名称	内容	自我评价	做得较好的方面	做得不满意的方面	改进措施
1	整理（SEIRI）					
2	整顿（SEITON）					
3	清扫（SEISO）					
4	清洁（SEIKETSU）					
5	素养（SHITSUKE）					
6	安全（SECURITY）					

评价与分析

学习活动过程评价表

<table>
<tr><td>班级</td><td></td><td>姓名</td><td></td><td>学号</td><td></td><td>日期</td><td>年 月 日</td></tr>
<tr><td>序号</td><td colspan="5">评价要点</td><td>配分</td><td>得分</td><td>总评</td></tr>
<tr><td>1</td><td colspan="5">能正确填写维修验收单</td><td>10</td><td></td><td rowspan="10">A□（86～100）
B□（76～85）
C□（60～75）
D□（60 以下）</td></tr>
<tr><td>2</td><td colspan="5">能说出验收项目的要求</td><td>15</td><td></td></tr>
<tr><td>3</td><td colspan="5">能对蜗轮蜗杆传动机构进行装配后的质量检查</td><td>25</td><td></td></tr>
<tr><td>4</td><td colspan="5">能按企业工作制度请操作人员验收，并交付使用</td><td>15</td><td></td></tr>
<tr><td>5</td><td colspan="5">能对维修后出现的问题进行处理</td><td>10</td><td></td></tr>
<tr><td>6</td><td colspan="5">能按照 6S 管理要求清理场地</td><td>10</td><td></td></tr>
<tr><td>7</td><td colspan="5">能遵守劳动纪律，以积极的态度接受工作任务</td><td>5</td><td></td></tr>
<tr><td>8</td><td colspan="5">能积极参与小组讨论，团队间相互合作</td><td>5</td><td></td></tr>
<tr><td>9</td><td colspan="5">能及时完成老师布置的任务</td><td>5</td><td></td></tr>
<tr><td colspan="6">总分</td><td>100</td><td></td></tr>
<tr><td>小结
建议</td><td colspan="8"></td></tr>
</table>

学习活动 4　工作总结与评价

学习目标

1. 能按分组情况，分别派代表展示工作成果，说明本次任务的完成情况，并作分析总结。

2. 能结合自身任务完成情况，正确规范撰写工作总结（心得体会）。

3. 能就本次任务中出现的问题，提出改进措施。

4. 能对学习与工作进行反思总结，并能与他人开展良好合作，进行有效的沟通。

建议学时：4 学时

学习过程

一、展示评价（个人、小组评价）

每个人先在组里进行经验交流与成果展示，再由小组推荐代表作必要的介绍。在交流的过程中，以组为单位进行评价；评价完成后，根据其他组成员对本组故障维修的评价意见进行归纳总结。完成如下项目：

1. 交流的经验是否符合生产实际？

符合□　　基本符合□　　不符合□

2. 与其他组相比，本小组设计的维修工艺如何？

工艺优化□　　工艺合理□　　工艺一般□

3. 本小组介绍经验时表达是否清晰？

很好□　　一般，常补充□　　不清晰□

4. 本小组演示时，维修操作是否正确？

正确□　　部分正确□　　不正确□

5. 本小组演示操作时遵循了“6S”的工作要求吗？

符合工作要求□　　忽略了部分要求□　　完全没有遵循□

6. 本小组的成员团队创新精神如何？

良好□　　一般□　　不足□

二、自评总结（心得体会）

三、教师评价

1. 找出各组的优点进行点评。

2. 对展示过程中各组的缺点进行点评，提出改进方法。

3. 对整个任务完成中出现的亮点和不足进行点评。

评价与分析

学习任务九总体评价表

班级：__________　　姓名：__________　　学号：________

项目	自我评价			小组评价			教师评价		
	10～9	8～6	5～1	10～9	8～6	5～1	10～9	8～6	5～1
	占总评10%			占总评30%			占总评60%		
学习活动1									
学习活动2									
学习活动3									
学习活动4									
协作精神									
纪律观念									
表达能力									
工作态度									
安全意识									
任务总体表现									
小计									
总评									

任课教师：________　年　　月　　日

学习任务十　液压系统泄漏故障维修

学习目标

1. 能接受维修任务，明确任务要求，写出小组成员、工作地点、维修对象、维修时间，初步了解故障现象，服从工作安排。

2. 能通过耐心细致的有效沟通，记录操作人员反映的信息，通过小组讨论，提取有效信息，充分了解故障现象。

3. 能查阅注塑机维修档案，摘录并分析注塑机设备的维修记录，正确获取设备的工作年限、故障出现频率等有效信息。

4. 能按照工艺文件和维修原则，通过小组讨论写出维修步骤。

5. 能正确选择液压系统的拆装、维修和调试工具、量具等，并按规定领用。

6. 能对液压系统元件进行拆卸清洗，写出需要修复、更换的故障元件，并制订合理的修复方案。

7. 能对机械设备液压系统的故障元件进行装配和调试，排除故障，恢复其工作要求。

8. 能按照企业工作制度请操作人员验收，交付使用，并填写维修记录。

9. 能严格遵守起吊、搬运、用电、消防等安全规程要求。

10. 能清理场地，归置物品，并按照环保规定处置废油液等废弃物。

11. 能写出完成此项任务的工作小结。

建议学时

60 学时

工作情境描述

实习工厂有一台注塑机，其锁模机构在工作过程中，锁模压力为120 MPa，达不到系统要求的140 MPa，且工作不平稳，无法按要求加工出正常制件。通过排查发现故障原因与液压系统泄漏有一定关系，是因为液压系统泄漏导致了锁模力降低。工厂急需该机器加工一批零件，车间将维修任务交给了我们小组，要求在2周左右时间内对该注塑机液压系统泄漏故障进行维修，以恢复其功能。

工作流程与活动

维修人员在接到维修任务后，到现场与操作人员沟通，勘察故障现象，查阅注塑机维修档案，进行液压系统泄漏故障诊断，明确故障点；故障确认后制定维修步骤，做好维修前的准备工作；在维修过程中，通过对液压元件的修复、更换、调试，完成故障排除；故障排除后请操作人员验收，合格后交付使用，并填写维修记录；最后，撰写工作小结，采用不同形式进行经验交流。在工作过程中严格遵守起吊、搬运、用电、消防等安全规程要求，按照现场管理规范清理场地、归置物品，并按照环保规定处置废油液等废弃物。

学习活动1　接受工作任务、制订维修计划（16学时）

学习活动2　液压系统泄漏故障维修（30学时）

学习活动3　任务验收、交付使用（10学时）

学习活动4　工作总结与评价（4学时）

机床设备图

注塑机外形图

学习活动1 接受工作任务、制订维修计划

学习目标

1. 能识读生产派工单，接受液压系统泄漏故障维修工作任务，明确任务要求。

2. 能查阅资料，了解液压系统的组成、结构等相关知识。

3. 查阅相关技术资料，了解液压系统泄漏故障维修的主要工作内容。

4. 能正确选择液压系统拆装、维修和调试所用的工具、量具等，并按规定领用。

5. 能制订液压系统泄漏故障维修的工作计划。

建议学时：16 学时

学习过程

1. 仔细阅读下面的生产派工单，按照生产派工单提供的基本信息，查阅相关资料，明确工作任务的内容和要求。随着学习活动的展开，逐项填写生产派工单中的空白项目内容，完成学习任务。

生 产 派 工 单

单号：________________ 开单部门：________________ 开单人：________________

开单时间：____年____月____日____时____分 接单人：______部______小组__________（签名）

续表

<table>
<tr><td colspan="5">以下由开单人填写</td></tr>
<tr><td>工作任务</td><td>液压系统泄漏故障维修</td><td>完成工时</td><td colspan="2">60 工时</td></tr>
<tr><td>工作任务要求</td><td colspan="4">完成注塑机液压系统泄漏故障维修，达到系统压力要求</td></tr>
<tr><td colspan="5">以下由接单人和确认方填写</td></tr>
<tr><td>领取材料
（含消耗品）</td><td colspan="2"></td><td rowspan="2">成本核算</td><td rowspan="2">金额合计：
仓管员（签名）
年　月　日</td></tr>
<tr><td>领用工具</td><td colspan="2"></td></tr>
<tr><td>操作者
检测</td><td colspan="2"></td><td colspan="2">（签名）
年　月　日</td></tr>
<tr><td>班组
检测</td><td colspan="2"></td><td colspan="2">（签名）
年　月　日</td></tr>
<tr><td>质检员
检测</td><td colspan="2"></td><td colspan="2">（签名）
年　月　日</td></tr>
<tr><td rowspan="4">生产数量
统计</td><td>合格</td><td colspan="3"></td></tr>
<tr><td>不良</td><td colspan="3"></td></tr>
<tr><td>返修</td><td colspan="3"></td></tr>
<tr><td>报废</td><td colspan="3"></td></tr>
</table>

统计：　　　　　　　　审核：　　　　　　　　批准：

2. 塑料注射成型机简称注塑机，它将颗粒状的塑料加热融化到流动状态，用注射装置快速高压注入模腔，保压一定时间，冷却后成型为塑料制品。它的动作控制基本由液压系统来完成。注塑机锁模机构是指能使模具的动模和定模正常开启与关闭，从而制作出制件的机构，下图所示是注塑机锁模机构液压传动系统图，对照下图，回答下列问题。

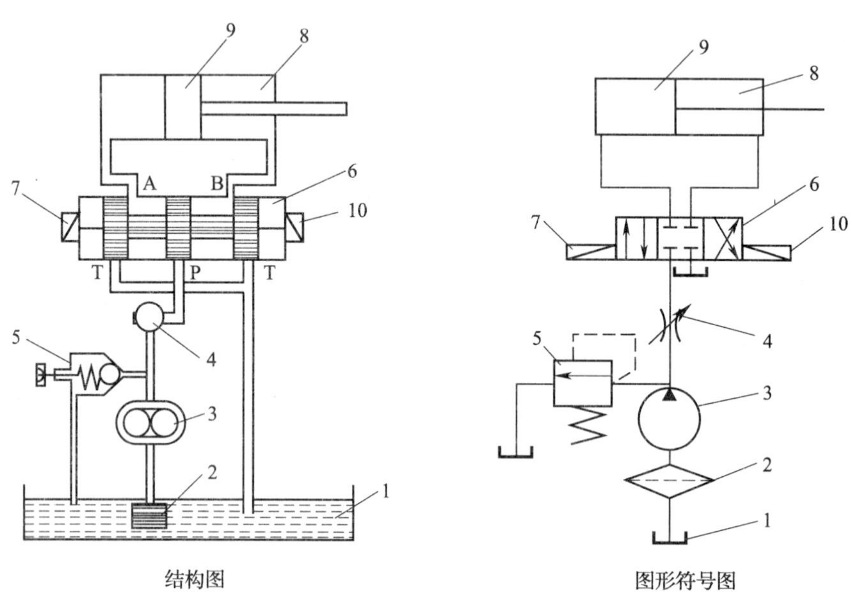

注塑机锁模机构液压传动系统

（1）写出各序号代表的元器件的名称。

1 ______________ 2 ______________

3 ______________ 4 ______________

5 ______________ 6 ______________

7 ______________ 8 ______________

9 ______________ 10 ______________

（2）查阅相关资料，说明液压系统是由哪几部分组成的，各组成部分的含义及典型元件是什么？并将上述注塑模锁模机构液压传动系统中的各元器件序号填写在下表对应处。

组成部分	含义	典型元件	对应序号
动力元件			

续表

组成部分	含义	典型元件	对应序号
执行元件			
传动介质		液压油	

（3）液压传动系统的传动介质主要是指液压油，现在市场上常见的液压油种类有哪些？液压系统对液压油有哪些性能方面的要求。

（4）分析注塑机锁模机构液压系统的工作过程。

3. 与机械传动比较，由于液压传动是油管连接，所以，借助油管的连接可以方便灵活的布置传动机构，这是液压传动比机械传动优越的地方。液压装置质量轻、结构紧凑、惯性小，可在大范围内实现无极调速。查阅资料，说明液压传动的主要工作特点。

4. 液压泵是液压传动系统中的动力元件，查阅资料，回答下列问题。

（1）常用的液压泵可分为叶片泵、齿轮泵、柱塞泵等，标出下图所示各液压泵的名称。

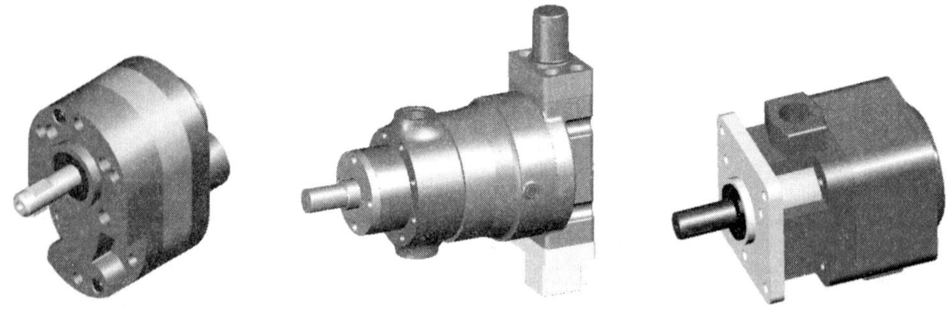

________________　________________　________________

（2）液压泵按照输油量的可调性和输出方向的可变化性，可分为定量泵和变量泵，单向泵和双向泵等。查阅资料，给出液压泵的职能符号，并填写下表。

职能符号	名称	说明
	单向定量泵	
	单向变量泵	
	双向定量泵	
	双向变量泵	

5. 液压系统的执行元件主要是指液压缸和液压马达。液压缸主要驱动负载做直线运动，而液压马达主要驱动负载做回转运动。查阅相关资料，写出液压缸的常见类型及职能符号，并以一种液压缸为例，说明液压缸的工作原理。

（1）写出液压缸的常见类型及职能符号。

（2）对照下图，写出液压缸的工作原理。

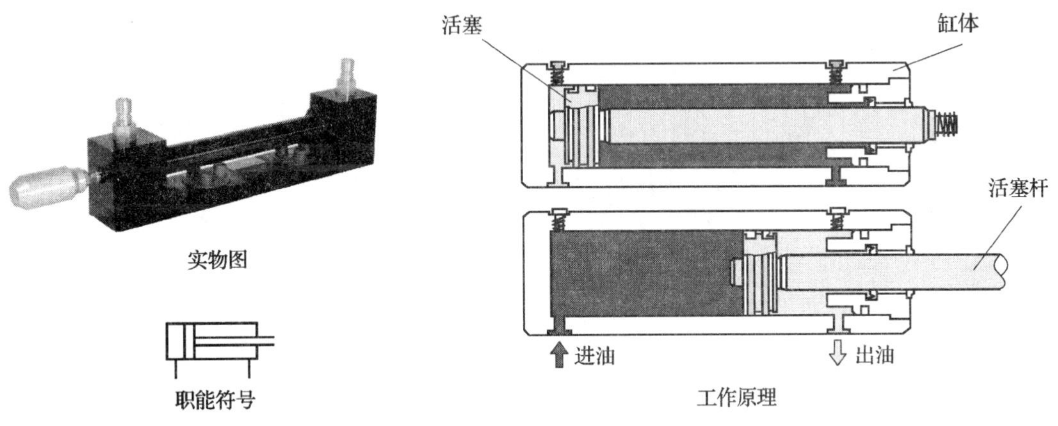

实物图

职能符号

工作原理

6. 写出液压控制元件的工作原理和应用场合。

序号	控制元件	工作原理	应用场合
1	溢流阀		
2	减压阀		
3	顺序阀		
4	继电器		
5	节流阀		
6	调速阀		

7. 下图所示是注塑机液压传动系统图，通过对上述内容的学习，识图并读图，并根据提示写出注塑机的工作循环过程。

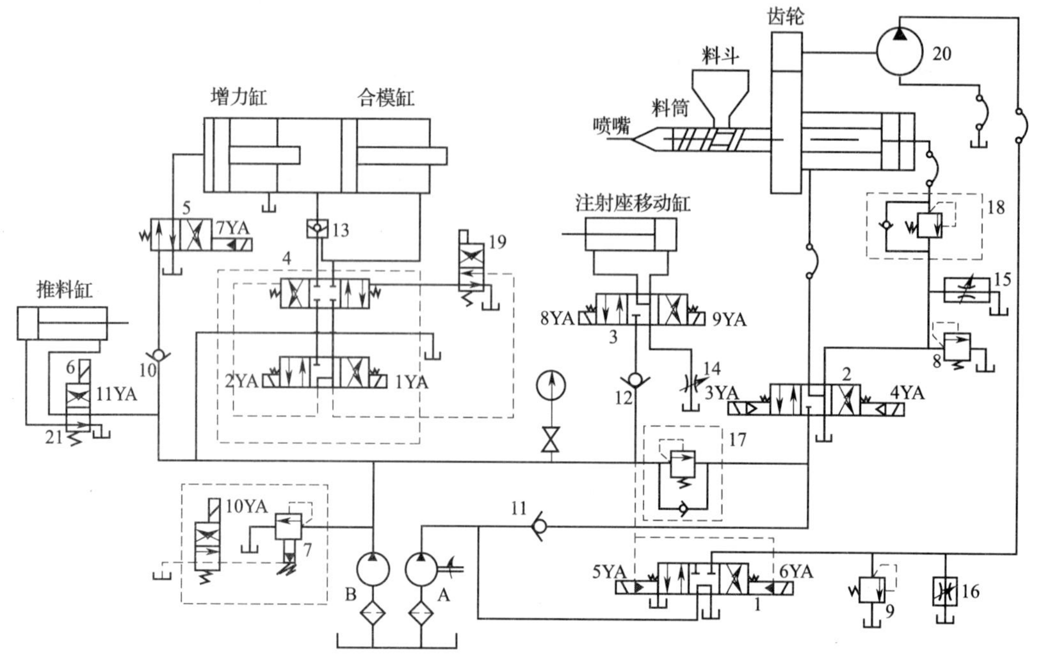

注塑机液压传动系统图

（1）锁合模：

（2）注射座前移：

（3）注塑：

（4）冷却和保压：

（5）预塑：

（6）注射座后退：

（7）开模：

（8）顶出：

8. 根据任务要求，对现有小组成员进行合理分工，并填写分工表。

序号	组员姓名	组员分工	备注

9. 列出液压系统拆装、维修和调试所需的工具、量具、检具清单。

序号	名称	图示	主要功用	备注
1	直管钳			
2	切管器			

续表

序号	名称	图示	主要功用	备注

10．查阅资料，小组讨论并制订液压系统泄漏故障维修任务的工作计划。

序号	工作内容	完成时间	工作要求	备注
1	接受生产派工单		认真识读生产派工单，了解工作任务的具体要求	
2	查询相关资料		查阅液压系统的有关知识，了解液压系统泄漏故障	

评价与分析

学习活动过程评价表

<table>
<tr><td>班级</td><td></td><td>姓名</td><td></td><td>学号</td><td></td><td>日期</td><td>年　月　日</td></tr>
<tr><td>序号</td><td colspan="5">评价要点</td><td>配分</td><td>得分</td><td>总评</td></tr>
<tr><td>1</td><td colspan="5">能正确识读并填写生产派工单，明确工作任务</td><td>5</td><td></td><td rowspan="14">A□（86～100）
B□（76～85）
C□（60～75）
D□（60 以下）</td></tr>
<tr><td>2</td><td colspan="5">能查阅资料，熟悉液压系统的组成和结构</td><td>5</td><td></td></tr>
<tr><td>3</td><td colspan="5">能熟悉液压传动的工作特点</td><td>10</td><td></td></tr>
<tr><td>4</td><td colspan="5">能了解液压系统对液压油的性能要求</td><td>5</td><td></td></tr>
<tr><td>5</td><td colspan="5">能了解液压泵、液压缸的类型和职能符号</td><td>10</td><td></td></tr>
<tr><td>6</td><td colspan="5">能了解液压控制元件的工作原理和应用场合</td><td>10</td><td></td></tr>
<tr><td>7</td><td colspan="5">能分析液压传动系统的工作过程</td><td>10</td><td></td></tr>
<tr><td>8</td><td colspan="5">能根据工作要求，对小组成员进行合理分工</td><td>10</td><td></td></tr>
<tr><td>9</td><td colspan="5">能列出液压系统装拆、维修和调试所需的工具、量具清单</td><td>10</td><td></td></tr>
<tr><td>10</td><td colspan="5">能制订液压系统泄漏故障维修的工作计划</td><td>10</td><td></td></tr>
<tr><td>11</td><td colspan="5">能遵守劳动纪律，以积极的态度接受工作任务</td><td>5</td><td></td></tr>
<tr><td>12</td><td colspan="5">能积极参与小组讨论，团队间相互合作</td><td>5</td><td></td></tr>
<tr><td>13</td><td colspan="5">能及时完成老师布置的任务</td><td>5</td><td></td></tr>
<tr><td colspan="6">总分</td><td>100</td><td></td></tr>
<tr><td>小结
建议</td><td colspan="8"></td></tr>
</table>

学习活动 2　液压系统泄漏故障维修

学习目标

1. 能查阅设备维修档案，摘录并分析维修记录，获取有效信息。

2. 能掌握液压系统故障维修方面的相关知识。

3. 能对液压系统泄漏进行诊断，通过小组讨论写出维修步骤。

4. 能对液压系统元件进行拆卸、清洗，写出需要修复、更换的故障元件，并制订合理的修复方案。

5. 能对机械设备液压系统的故障元器件进行维修，排除故障，恢复其工作要求。

建议学时：30 学时

学习过程

1. 查阅注塑机设备维修档案，摘录设备维修记录，并进行分析。

2. 查阅资料，写出注塑机常见故障现象，并分析故障原因。

故障现象	故障原因
振动和噪声	
泄漏	

3. 液压系统的泄漏可分为内泄漏和外泄漏，查阅相关资料，回答下列问题。

(1) 什么叫内泄漏，什么叫外泄漏?

(2) 指出图示液压缸发生系统泄漏的部位，并分析泄漏将会对系统产生什么影响?

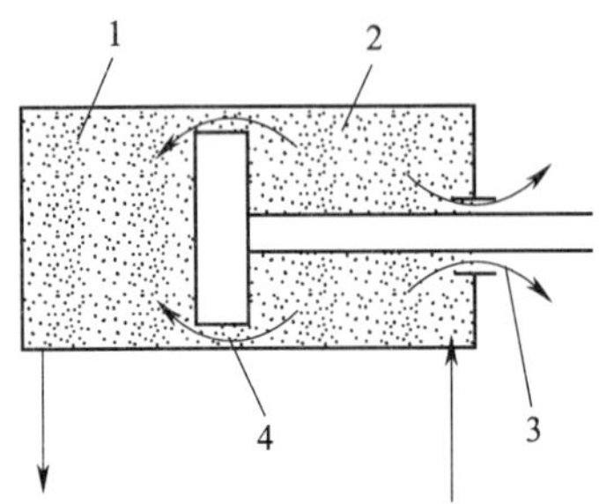

(3) 写出液压系统常发生泄漏的部位及对液压系统造成的影响。

发生泄漏的部位	造成的影响
液压泵	
进油口管路	

4. 液压系统出现故障时不易找出原因，排查困难。简易故障诊断法是目前采用最普遍的液压系统故障诊断方法，是指维修人员依靠个人经验，利用简单仪表根据液压系统出现的故障，客观地采用问、看、听、摸、闻等方法了解系统工作情况，进行分析、诊断，确定产生故障的原因和部位。查阅资料，写出具体的做法。

5. 查阅资料，对液压系统动力元件的故障现象进行分析，给出故障排除方法。

故障现象	产生原因	排除方法
泵不输油		
泵噪声大		
泵出油量不足		
压力不足或压力升不高		
压力不稳定，流量不稳定		
异常发热		
轴封漏油		

6. 查阅资料，对液压系统执行元件的故障现象进行分析，给出故障排除方法。

故障现象	产生原因	排除方法
活塞杆不能动作		
速度达不到规定值		
液压缸产生爬行		
缓冲装置故障		
有外泄漏		

7. 查阅资料，对液压系统控制元件的故障现象进行分析，给出故障排除方法。

故障现象	产生原因	排除方法
溢流阀故障		
调不上压力		
压力调不高		
压力突然升高		
压力突然下降		
压力波动（不稳定）		
振动与噪声		
减压阀故障		
无二次压力		
不起减压作用		
二次压力不稳定		
二次压力升不高		
单向阀故障		
反方向不密封有泄漏		
反方向打不开		

续表

故障现象	产生原因	排除方法
顺序阀故障		
始终出油，不起顺序阀作用		
始终不出油，不起顺序阀作用		
调定压力值不符合要求		
振动与噪声		
单向顺序阀反向不能回油		
换向阀故障		
主阀芯不运动		
阀芯换向后通过的流量不足		
压力降过大		
液控换向阀阀芯 换向速度不易调节		
电磁铁过热或线圈烧坏		
电磁铁吸力不够		
冲击与振动		

8. 清洗是减少液压系统故障的重要措施，颗粒状杂质浸入系统后，会引起液压元件磨损，动作不灵或卡死现象，严重时还会造成故障。所以，液压系统安装前必须进行清洗。要求较高的系统还要进行二次清洗，查阅资料并结合实践，写出二次清洗的要求及注意事项。

9. 下图所示为液压缸的内部结构，若活塞与缸孔的磨损间隙过大，会造成泄漏。结合实际，写出修复缸体内孔表面磨损及活塞环槽磨损的方法。

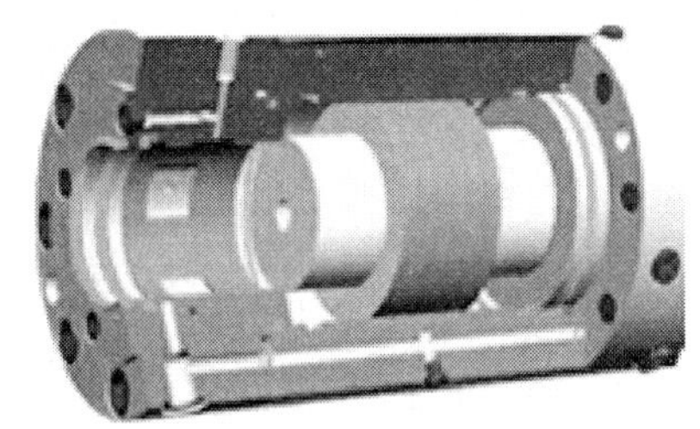

10. 在工作中若发现齿轮泵油压降低或油量减少时，应立即进行检查和修复，其中内泄漏是主要原因之一。下图为拆下的齿轮轴及侧板，齿轮泵的侧板有时会由于装配错误，铁屑、油液污染，表面划伤或烧伤等原因失效。结合实践，写出侧板的修复方法。

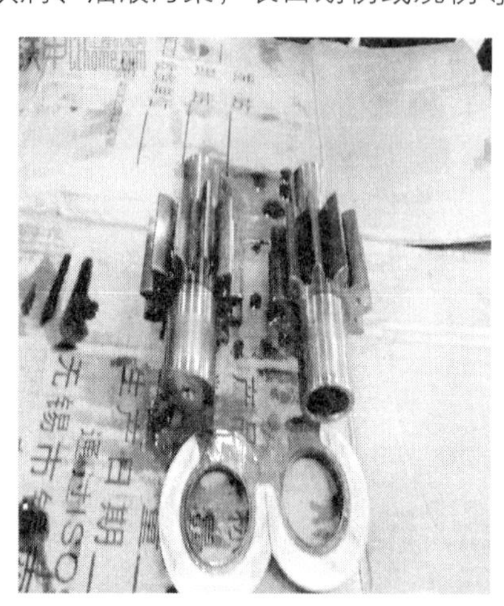

11. 确定液压系统泄漏故障维修步骤，拍摄步骤图片，并记录操作要点和注意事项。

步骤	维修内容	示例	操作要点	注意事项	工量刃具
1	熟悉注塑机液压系统的结构组成				
2	准备液压系统拆装工具				
3	拆下故障液压元件				

续表

步骤	维修内容	示例	操作要点	注意事项	工量刃具

评价与分析

学习活动过程评价表

<table>
<tr><td>班级</td><td colspan="2"></td><td>姓名</td><td></td><td>学号</td><td></td><td>日期</td><td>年　月　日</td></tr>
<tr><td>序号</td><td colspan="5">评价要点</td><td>配分</td><td>得分</td><td>总评</td></tr>
<tr><td>1</td><td colspan="5">能分析机床故障维修档案，获取有效信息</td><td>10</td><td></td><td rowspan="12">A□（86～100）
B□（76～85）
C□（60～75）
D□（60 以下）</td></tr>
<tr><td>2</td><td colspan="5">能指出液压系统泄漏故障类型、现象及产生原因</td><td>10</td><td></td></tr>
<tr><td>3</td><td colspan="5">能掌握液压系统泄漏的部位及影响</td><td>10</td><td></td></tr>
<tr><td>4</td><td colspan="5">能进行故障诊断，画出诊断流程图</td><td>10</td><td></td></tr>
<tr><td>5</td><td colspan="5">能熟悉液压系统故障排除的方法</td><td>10</td><td></td></tr>
<tr><td>6</td><td colspan="5">能对液压系统动力元件、执行元件、控制元件等故障进行分析和排除</td><td>10</td><td></td></tr>
<tr><td>7</td><td colspan="5">能编制液压系统故障维修工艺流程</td><td>10</td><td></td></tr>
<tr><td>8</td><td colspan="5">能完成液压系统泄漏故障的维修</td><td>15</td><td></td></tr>
<tr><td>9</td><td colspan="5">能遵守劳动纪律，以积极的态度接受工作任务</td><td>5</td><td></td></tr>
<tr><td>10</td><td colspan="5">能积极参与小组讨论，团队间相互合作</td><td>5</td><td></td></tr>
<tr><td>11</td><td colspan="5">能及时完成老师布置的任务</td><td>5</td><td></td></tr>
<tr><td colspan="6">总分</td><td>100</td><td></td></tr>
<tr><td>小结
建议</td><td colspan="8"></td></tr>
</table>

学习活动3　任务验收、交付使用

学习目标

1. 能完成维修验收单的填写，明确验收要求。
2. 能完成液压系统的调试，并达到调试要求。
3. 能按照企业工作制度请操作人员验收，交付使用。

建议学时：10学时

学习过程

1. 根据任务要求，熟悉维修验收单格式，并完成验收单的填写。

维修验收单			
维修项目	注塑机液压系统泄漏故障维修		
维修单位			
维修时间节点			
验收日期			
验收项目及要求			
验收人			

2. 查阅资料，完成液压元件装配要点及测试性能指标的填写，并进行测试。

类别		装配要点	测试性能指标	测试是否符合要求	备注
泵		1. 零件退磁，去除表面毛刺。在规定的锐角处，作0.2~0.3 mm的修缘，不能倒角 2. 清洗及清理零件 3. 仔细检查和测量零件 4. 装配油泵 5. 检查各种间隙，CB型齿轮泵径向间隙为0.13~0.16 mm，轴向间隙为0.03 mm	进行油泵性能试验时要注意： 1. 压力从零逐渐升高到额定值，各接合面不得漏油，无异常声响 2. 在额定压力下，能达到规定的输油量；压力波动不得超过规定值：CB型齿轮泵为±0.15 MPa		
阀	压力阀				
	节流阀				
	方向阀				
油缸					

3. 液压系统在维修装配后必须经过调试才能使用，调试的步骤分空载试车和负载试车两种，查阅相关资料，分别写出空载试车和负载试车的调试要求。

调试步骤	调试要求
空载试车	
负载试车	

4. 根据上述调试要求，完成注塑机液压系统的调试，并根据实际情况写出调试中应注意的问题。

5. 记录测试和调试中出现的问题，若测试结果超出规定要求，应该如何处理?

6. 验收结束后，按照6S管理要求规整场地，并完成下列表格的填写。

序号	名称	自我评价	做得较好的方面	做得不满意的方面	改进措施
1	整理（SEIRI）				
2	整顿（SEITON）				
3	清扫（SEISO）				
4	清洁（SEIKETSU）				
5	素养（SHITSUKE）				
6	安全（SECURITY）				

评价与分析

学习活动过程评价表

班级		姓名		学号		日期	年 月 日
序号	评价要点				配分	得分	总评
1	能正确填写维修验收单				10		A□（86～100） B□（76～85） C□（60～75） D□（60 以下）
2	能说出验收项目的要求				15		
3	能对装配的液压元件进行性能测试				15		
4	能对液压系统进行调试				15		
5	能按企业工作制度请操作人员验收，并交付使用				10		
6	能对维修后出现的问题进行处理				10		
7	能按照 6S 管理要求清理场地				10		
8	能遵守劳动纪律，以积极的态度接受工作任务				5		
9	能积极参与小组讨论，团队间相互合作				5		
10	能及时完成老师布置的任务				5		
总分					100		
小结 建议							

学习活动 4　工作总结与评价

学习目标

1. 能按分组情况，分别派代表展示工作成果，说明本次任务的完成情况，并作分析总结。

2. 能结合自身任务完成情况，正确规范撰写工作总结（心得体会）。

3. 能就本次任务中出现的问题，提出改进措施。

4. 能对学习与工作进行反思总结，并能与他人开展良好合作，进行有效的沟通。

建议学时：4 学时

学习过程

一、展示评价（个人、小组评价）

每个人先在组里进行经验交流与成果展示，再由小组推荐代表作必要的介绍。在交流的过程中，以组为单位进行评价；评价完成后，根据其他组成员对本组故障维修的评价意见进行归纳总结。完成如下项目：

1. 交流的经验是否符合生产实际？

符合□　　基本符合□　　不符合□

2. 与其他组相比，本小组设计的维修工艺如何？

工艺优化□　　工艺合理□　　工艺一般□

3. 本小组介绍经验时表达是否清晰？

很好□　　一般，常补充□　　不清晰□

4. 本小组演示时，维修操作是否正确？

正确□　　部分正确□　　不正确□

5. 本小组演示操作时遵循了“6S”的工作要求吗？

符合工作要求□　　忽略了部分要求□　　完全没有遵循□

6. 本小组的成员团队创新精神如何？

良好□　　一般□　　不足□

二、自评总结（心得体会）

____

____

____

____

____

____

____

____

____

____

____

三、教师评价

1. 找出各组的优点进行点评。
2. 对展示过程中各组的缺点进行点评，提出改进方法。
3. 对整个任务完成中出现的亮点和不足进行点评。

评价与分析

学习任务十总体评价表

班级：________　　姓名：________　　学号：________

项目	自我评价			小组评价			教师评价		
	10～9	8～6	5～1	10～9	8～6	5～1	10～9	8～6	5～1
	占总评10%			占总评30%			占总评60%		
学习活动1									
学习活动2									
学习活动3									
学习活动4									
协作精神									
纪律观念									
表达能力									
工作态度									
安全意识									
任务总体表现									
小计									
总评									

任课教师：________　年　月　日